国家示范性中等职业技术教育精品教材

数控车编程与操作项目教程

主　编　黄　富

副主编　卢海彬

U0396323

华南理工大学出版社
SOUTH CHINA UNIVERSITY OF TECHNOLOGY PRESS
·广州·

图书在版编目（CIP）数据

数控车编程与操作项目教程/黄富主编. —广州：华南理工大学出版社，2015.6
（2021.8 重印）
（国家示范性中等职业技术教育精品教材）
ISBN 978 - 7 - 5623 - 4635 - 7

Ⅰ.①数… Ⅱ.①黄… Ⅲ.①数控机床 - 车床 - 程序设计 - 中等专业学校 ②数控机床 - 车床 - 操作 - 中等专业学校 - 教材 Ⅳ.①TG519.1

中国版本图书馆 CIP 数据核字（2015）第 103080 号

SHUKONGCHE BIANCHENG YU CAOZUO XIANGMU JIAOCHENG

数控车编程与操作项目教程

黄　富　主编

出 版 人：卢家明
出版发行：华南理工大学出版社
　　　　　（广州五山华南理工大学 17 号楼，邮编 510640）
　　　　　http://www. scutpress. com. cn　E-mail：scutc13@ scut. edu. cn
　　　　　营销部电话：020 - 87113487　87111048（传真）
责任编辑：庄　彦
印 刷 者：广东虎彩云印刷有限公司
开　　本：787mm×1092mm　1/16　印张：11　字数：265 千
版　　次：2015 年 6 月第 1 版　2021 年 8 月第 3 次印刷
定　　价：28.00 元

前　言

本课程是数控技术专业的核心课程,重点突出通过典型零件的项目来传授数控车床操作与编程相关技能和理论知识的专业课程。每个项目中以典型实际零件项目为实例,讲解相关的图纸分析、工艺知识、操作加工方法及编程知识。通过本课程的学习,学生能够独立完成中等复杂程度零件的数控加工工艺、程序编制及操作加工。

项目设计以数控车床加工的基本加工特征要素为主要思路,包括以数控车床的基本操作、阶梯轴零件、圆锥轴零件、复杂外轮廓零件、切槽与外螺纹零件、二次装夹零件、内孔零件、内螺纹零件、端面槽零件和配合零件的数控车床加工等加工特征要素为主要项目内容。每个项目内容包含零件图纸的分析、零件加工刀具量具的选用、零件的加工工艺、确定零件的节点坐标、编写零件的加工程序、项目评分评价和理论知识运用等。

本书从培养技能型人才为导向,以培养职业能力为核心,以项目工作任务及工作过程为依据,整合、序化教学内容,做到技能训练与知识学习并重。既注重理论与任务相结合的教学,同时遵循中等职业院校学生的认知规律,紧密结合广东省职业技能考核要求,在编写过程中考虑企业技术人员的需求,紧密结合工作岗位,与职业岗位对接;以项目任务为驱动,强化知识与技能的整合;以技能鉴定为方向,促进学生养成规范职业行为;将创新理念贯彻到内容选取、教材体例等方面,以满足发展为中心,培养学生创新能力和自学能力。

本书除了大量设计项目实训和应用案例,每个项目模块都能覆盖本课程的知识点,使抽象、难懂的教学内容变得直观、易懂和容易掌握外,还充分利用互联网资源、本课程网站资源,在网上开展教学活动,包括网络课程学习、自主学习、课后复习、课件下载、专题讨论、网上答疑等,使学生可以不受时间、地点的限制,方便地进行学习。

本书充分考虑到中职教育的特点和当前课程改革的要求,针对一般教材"重知识、轻能力,重理论、轻实践"的弊端,按照"以工作任务为中心选择、组织教学内容,以完成工作任务为主要学习方式和最终目标"的原则,并结合多年教学实践编写而成。通过设计课程项目内容，每个项目的学习都按实际零件工作任务为载体设计的活动来进行，实现"想、做、写、评、学"一体化学习，从而提高学生各方面的能力。

（1）想：提高学生独立思考、批判性思考和解决问题能力，创造与革新能力。

（2）做：通过项目工作任务的完成使学生掌握技能并形成正确的学习态度和职业素养。该过程是以学生为中心的过程，因此，教师应由过去的讲授者转变为指导者，让学生在自主探究、操作和讨论等活动中获得技能和知识。教师的职责更多的是为学生的活动提供帮助，激发学生的学习兴趣，指导学生形成良好的学习习惯，为学生创设丰富的学习情境。

（3）写：项目过程中，让学生在学习过程中发现优缺点，给予及时的反思，获得经验。

（4）评：以专业能力、方法能力、社会能力整合后形成的行动能力为评价学生学业成绩的主要依据。在整个教学过程中，主要以项目评价表中自评30%、小组长评30%、教师评40%作为学生的项目最终成绩。形成学生自觉参与学习情景中的学习，并形成相互监督，相互合作，相互反思，发现不足及寻找改进方法的过程性、结果性和发展性评价。

（5）学：在整个教学过程中，强调学生作为学习行动的主体。每个项目在工作过程中都需要系列的理论支撑，学生可以通过自主查阅学习相关的理论知识。本书围绕中高级数控操作工的职业岗位要求进行合理地安排内容，将数控理论与技能有机地结合起来，针对性、实用性强。适合中等和高职学校数控、模具、机电类专业学生的专业学习和国家职业技能鉴定考工培训使用。

本书由黄富主编、卢海彬副主编。黄富编写了项目一，与卢海彬共同编写了项目三至项目九，陈瑞兵编写了项目二，吴光明参与编写了部分项目，全书由黄富统稿。在编写过程中，东莞市高技能公共实训中心、东莞理工学校、东莞市高级技工学校、东莞电子商贸学校以及东莞模具制造相关企业也给予了大力支持，在此一并表示衷心的感谢。

限于作者的水平，书中难免有错误和不妥之处，恳请广大读者批评指正。

编　者
2015 年 3 月

目 录

项目一
数控车床基础知识

内容一　数控车床的概述、组成及加工特点

想一想

1. 回想以前学过的普通车床加工是如何实现加工的？
2. 普通车床的结构组成有哪些？
3. 你初步认识的数控车床是什么样的？由哪些结构组成？
4. 普通车床的加工特点有哪些？能加工什么样的零件？和数控车有什么异同之处？
5. 谈谈你对数控车床的了解。

知识学习

 读一读

一、数控技术介绍与数控车床概述

　　数控技术也叫计算机数控技术（CNC，Computerized Numerical Control），它是采用计算机实现数字程序控制的技术。这种技术用计算机按事先存储的控制程序来执行对设备的运动轨迹和外设的操作时序逻辑控制功能。由于采用工业计算机组成数控装置，使输入操作指令的存储、处理、运算、逻辑判断等各种控制功能的实现均可通过计算机软件来完成，处理生成的指令传送给伺服驱动装置或变频器驱动电机带动设备运行。

　　数控车床是按照事先编制好的加工程序，自动地对被加工零件进行加工。把零件的加

1

工工艺路线、工艺参数、刀具的运动轨迹、切削参数(主轴转数、进给量、背吃刀量等)以及辅助功能(换刀、主轴正转/反转、切削液开/关等)按数控系统规定的指令代码及程序格式编写成加工程序单,再把这程序单中的内容记录在控制介质上(如磁盘、U 盘、硬盘等存储器),然后通过介质输入或在线输入到数控车床的数控装置中,从而指挥车床加工零件。

数控车床一般配备多工位刀塔或动力刀塔,具有广泛的加工工艺性能,可加工直线圆柱、斜线圆柱、圆弧和各种螺纹、槽、蜗杆等复杂工件,具有直线插补、圆弧插补等各种补偿功能,可以在复杂零件的批量生产中达到良好的经济效果。

二、数控车床的型号标记

CK6140 卧式数控车床如图 1 - 1 所示。

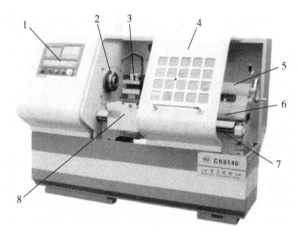

图 1 - 1   CK6140 卧式数控车床

1—面板;2—主轴;3—刀架;4—防护门;5—尾座;6—导轨;7—床身;8—进给机构

数控车床型号标记 CK6140 中的字母和数字代表的含义如图 1 - 2 所示。

图 1 - 2   数控车床型号标记及其含义

三、数控车床的分类

数控车床可以根据主轴位置、刀架形式、控制方式及系统功能进行多种机型分类。不同类型的数控车床特点见表 1 - 1 所示。

表 1 -1 数控车床的分类

主轴类型	具体分类	特　　点	示意图
按控制方式分类	开环控制数控车床	驱动部件通常为反应式步进电机或混合式伺服步进电机,没有位置检测反馈装置,结构简单,速度、精度较低,调试维修方便	
	闭环控制数控车床	驱动部件主要使用伺服电机,在工作台有位置检测反馈装置,车床的运动具有很高的动、稳态精度,但结构调试、维修都较为复杂	
	半闭环控制数控车床	驱动部件主要使用伺服电机,位置检测器不是安装在工作台上,而是安装在伺服电机的轴上。只检测电机的位置,而不检测工作台的实际位置。精度较开环系统好,稳定性好,成本低,位置调试与维修较容易	
按主轴位置分类	立式数控车床	主轴垂直于水平面,主要用于加工直径大、长度短的大型、重型工件和不易在卧式车床上装夹的工件	
	卧式数控车床	主轴轴线与水平面平行,有卧式水平导轨与倾斜导轨两类车床	
按刀架形式分类	立式刀架数控车床	刀架回转中心与水平垂直,刀架绕回转中心旋转,通常有 4 工位刀架与 6 工位刀架	
	卧式刀架数控车床	刀架回转中心与水平面平行,通常有 6 工位、8 工位、12 工位与 16 工位等刀架	

主轴类型	具体分类	特　点	示意图
按系统功能分类	经济型数控车床	开环变频驱动或是半闭环伺服驱动，功能相对简单，适用于精度要求不高、结构较复杂的零件的加工	
	全功能数控车床	半闭环伺服驱动或是全闭环伺服驱动，车床结构先进，配置的数控系统较高端，加工自动化程度高，适用于精度高、形状复杂、少批量多品种的零件的加工	
	数控车削中心	半闭环伺服驱动或是全闭环伺服驱动，配置铣削动力头，四轴联动，有换刀与分度装置，可实现多工序加工，精度高，适合加工机车、铣结合加工的零件，加工功能强大	

四、 数控车床的组成

（1）主机，也就是数控车床的主体，包括车床身、立柱、主轴、进给机构等机械部件，用于完成各种切削加工的机械部件。

（2）数控装置，是数控车床的大脑，包括硬件（控制主板、显示屏、键盘、输入输出接口等）以及相应的软件。数控装置用于输入数字化的加工程序，并完成输入信息的存储、数据的变换、插补运算以及实现各种控制功能。

（3）驱动装置，数控车床执行机构的驱动部件，包括主轴驱动单元、进给单元、主轴电机及进给电机等。在数控系统的控制下通过电气或电液伺服系统实现主轴和进给驱动。当多个进给联动时，可以完成定位、直线、平面曲线和空间曲线的加工。

（4）辅助装置，指数控车床的一些必要的配套部件，用以保证数控车床的运行，如冷却、排屑、润滑、照明等。辅助装置包括液压和气动装置、排屑装置、工作台的交换驱动、数控转台的驱动和刀具测量等。

（5）编程及其他附属设备，可用来在机外进行零件的程序编制、存储、传输等。

数控车床的组成部分可参考表 1-2。

表1-2　数控车床的组成部分

序号	组成部分	说　明	示意图
1	车床主体	目前大部分数控车床均已专门设计并定型生产，包括主轴箱、床身、导轨、刀架、尾座、进给机构等	
2	控制部分	它是数控车床的控制核心，由数控系统完成对数控车床主轴与传动轴的控制	
3	驱动部分	它是数控车床执行机构的运动部件，包括主轴电机和进给电机的驱动	变频主轴电机　进给伺服电机
4	辅助部分	它是数控车床的一些配套部件，包括气动装置、冷却系统、润滑系统、自动清屑器等	冷却泵　润滑油泵　液压系统

五、数控车床相对传统加工的特点

现代数控车床具有高效率、高精度、强柔性等特点，是许多普通车床无法比拟的，它具有如下特点：

1. 加工精度高

数控车床加工同批零件尺寸的稳定性好，加工精度高，加工质量稳定，产品合格率高。中、小型数控车床的定位精度可达 0.01 mm，重复定位精度可达 0.005 mm。数控车床按所编制的加工程序自动加工，其床身的刚性好、精度高，还可以利用软件进行精度校正和补偿。

2. 加工对象的适应性强

数控车床可以对各种零件进行自动加工。当加工对象改变时，只要改变数控加工程序，一般就能满足加工要求。能为复杂结构的单件、小批量生产以及试制新产品提供了极

数控车编程与操作项目教程

大的便利，特别是对那些普通车床很难甚至无法加工的复杂曲面、公差要求小的加工工件，数控车床也能胜任。

3. 生产效率高

数控车床具有良好的结构刚性，传动轴高速响应，切削效率高。还具有自动变速、自动换刀、自动交换工作和其他辅助操作自动化等功能，使辅助时间缩短，而且无需工序间的检测和测量，所以数控车床生产效率比一般普通车床高得多。如采用全功能数控车加工零件，可以实现自动送料、自动装夹、自动换刀，实现在一次装夹的情况下完成零件的多道工艺的加工，减少了装夹误差，节约了工序之间的运输、测量、装夹等辅助时间。

4. 减轻工作劳动强度

数控车床的加工，根据编写好的零件加工程序自动完成加工，除了拆装零件、安装刀具、操作按键、观察车床运行之外，其他的车床动作基本上是自动连续完成，大大减轻了操作者的劳动强度，改善了劳动条件，减少了人力资源的投入，有利于现代化的生产管理，是现代制造集成系统发展的基础。

5. 经济效益好

数控车床虽然设备价格高，但其加工精度稳定，减少了废品率，使生产成本下降。在单件、小批量生产情况下，使用数控车床加工，可节省工时，减少调整、加工和检验时间，节省直接生产费用和工艺装备费用。

内容二 数控车床面板功能及操作

学习目标

知识目标： 了解数控车床面板的功能区域划分。

了解数控车床面板各个按键的基本功能、作用。

技能目标： 了解数控车床面板各个按键的基本操作。

掌握数控车床面板中回零、手动手轮、MDI、录入程序等基本操作。

情感目标： 小组分组熟悉数控车床面板，培养交流合作的能力。

想一想

1. 观察数控车床操作面板布局上有什么特点？由哪几大块组成？
2. GSK980TD 代表什么意思？什么系统？
3. 猜想数控车床控制面板，可以控制什么？
4. 谈谈你对数控车床面板的了解。

知识学习

读一读

一、 数控车床面板功能

本系统采用铝合金立体操作面板，面板的整体外观如图 1-3 所示。

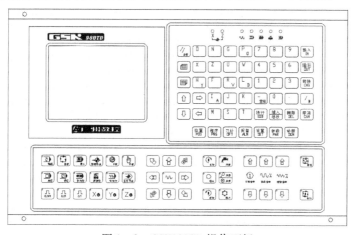

图 1-3 GSK980TD 操作面板

1. 面板划分

GSK980TD 车床数控系统具有集成式操作面板，共分为 LCD（液晶显示）区、编辑键盘区、页面显示方式区和车床控制显示区等几大区域，如图 1-4 所示。

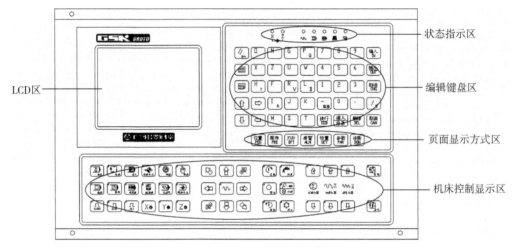

图 1-4　面板区域分布图

2. 按键功能说明

（1）状态指示区，如图 1-5 所示。

○　○ X　Z	X、Z 向回零结束指示灯	○	快速指示灯
○	单段运行指示灯	○	车床锁指示灯
○ MST	辅助功能锁指示灯	○	空运行指示灯

图 1-5　状态指示区

（2）编辑键盘区，如图 1-6 所示。

将编辑键盘区的键再细分为 11 个小区，具体每个区的使用说明如表 1-3 所示。

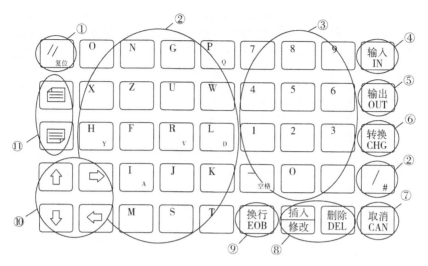

图 1-6　编辑键盘区

表 1-3　功能键说明

序号	名称	功能说明
①	复位键	系统复位，进给、输出停止
②	地址键	进行地址录入
③	数字键	进行数字录入
④	输入键	用于输入参数、补偿量等数据；通讯时文件的输入
⑤	输出键	用于通讯时文件输出
⑥	转换键	用于为参数内容提供方式的切换
⑦	取消键	在编辑方式时，用于消除录入到输入缓冲器中的字符，输入缓冲器中的内容由 LCD 显示，按一次该键消除一个字符，该键只能消除光标前的字符，例如 LCD 中光标在字符"N0001"的后面：则按一次、两次、三次该键后的显示分别为：N000、N00、N0
⑧	插入、修改、删除键	用于程序编辑时程序、字段等的插入、修改、删除操作
⑨	EOB 键	用于程序段的结束
⑩	光标移动键	可使光标上下移动
⑪	翻页键	用于同一显示方式下页面的转换、程序的翻页

（3）页面显示方式区

本系统在操作面板上共布置了 7 个页面显示键，如图 1-7。

数控车编程与操作项目教程

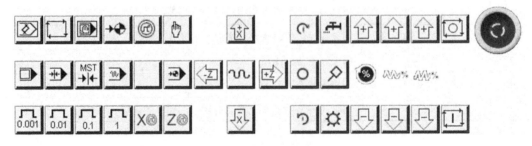

图1-7　页面显示键

表1-4　页面显示功能说明

名　　称	功能说明	备　　注
位置页面	可进入位置页面	通过翻页键转换显示当前点相对坐标、绝对坐标、相对/绝对坐标、位置/程序显示页面，共有四页
程序页面	可进入程序页面	进入程序、程序目录、MDI显示页面，共有三页，通过翻页键转换
刀补页面	可进入刀补页面	进入刀补量、宏变量显示页面，共有七页，通过翻页键转换
报警页面	可进入报警页面	进入报警信息显示页面
设置页面	可进入设置页面	进入设置、图形显示页面（设置页面与图形页面间可通过反复按此键转换）。设置页面共有两页，通过翻页键转换；图形页面共有两页，通过翻页键转换
参数页面	可进入参数页面	反复按此键可分别进入状态参数、数据参数及螺距补偿参数页面，以进行参数的查看或修改
诊断页面	可进入诊断页面	通过反复按此键，可进入诊断、PLC信号状态、PLC数值诊断、车床面板、系统版本信息等页面查看信息

（4）车床控制区

车床控制区，如图1-8所示。

图1-8　车床控制区

①6个操作方式选择

方式选择操作：按一下模式按键并使模式按键左上灯亮即可选择该方式。

编辑方式：此方式可进行加工程序的建立、删除和修改等操作。

自动方式：进入自动运行加工程序。

录入（MDI）方式：此方式可进行参数的输入以及指令段的输入和执行。

机械回零：回参考点操作方式，可分别执行经 X、Z 轴回机械零点操作。

手轮方式：手摇脉冲方式，CNC 按选定的增量进行移动。

手动方式：手动连续移动溜板箱或者刀具。

②数控程序运行控制开关

单个程序段　　　　　　车床锁住　　　　　　辅助功能锁定

程序回零　　　　　　　空运行　　　　　　　选择跳段加工

手轮 X 轴选择键　　　　　　　　　　手轮 Z 轴选择键

③车床主轴手动控制开关

手动开车床主轴正转　　手动关车床主轴　　手动开车床主轴反转

④辅助功能按钮

手动开关冷却液　　　　润滑液　　　　　　手动换刀具

⑤手轮进给量控制按钮

选择手动进给时每一步的距离：0.001mm、0.01mm、0.1mm。

⑥程序运行控制开关

循环暂停　　　　　　　循环运行

⑦系统控制开关

NC 启动　　　　　　　NC 停止

⑧手动移动车床溜板箱或者刀具按钮

选择移动轴，正方向移动按钮为 ↧、↦、↘，负方向移动按钮为 ↤、

↞、↙。 为快速进给

⑨升降速按钮

主轴升降速/快速进给升降速/进给升降速

⑩紧急停止按钮

⑪手轮

二、 数控系统操作

1. 手动返回参考点(机械回零)

(1)按机械回零方式键 ![图标]，选择回参考点操作方式，这时液晶屏幕右下角显示[机械回零]。

(2)先按下手动轴向运动开关 ![图标] 不放手直到回参考点指示灯亮 ![图标]，此时坐标轴停止移动，再按下手动轴向运动开关 ![图标] 不放手直到回参考点指示灯亮 ![图标]，此时坐标轴停止移动，即可完成回参考点操作。

(3)返回参考点后，返回参考点指示灯亮 ![图标]。

2. 手动连续进给

(1)按 ![图标] 键进入手动操作方式，这时液晶屏幕右下角显示[手动方式]。手动操作方式下可进行手动进给、主轴控制、倍率修调、换刀等操作。

(2)选择移动轴。

按住进给轴方向选择键中的 ![图标] 或 ![图标] X轴方向键可使X轴向负向或正向进给，松开按键时轴运动停止；按住 ![图标] 或 ![图标] Z轴方向键可使Z轴向负向或正向进给，松开按键时轴运动停止；进给倍率实时修调有效。

当进行手动进给时，按下 ![图标] 键，使状态指示区的 ![图标] 指示灯亮则进入手动快速移动状态。车床沿着选择轴方向移动。

(3)调节手动(JOG)进给速度。

在手动进给时，可按 ![图标] 中的 ![图标] 或 ![图标] 修改手动进给倍率。

(4)快速进给。

按住进给轴方向选择中的 ![图标] 键直至状态指示区的快速移动指示灯亮，按下 ![图标] 或 ![图标] 键可使X轴向负向或正向快速移动，松开按键时轴运动停止；按下 ![图标] 或 ![图标] 键可使Z轴向负向或正向快速移动，松开按键时轴运动停止；也可同时按住X、Z轴的方向选择键实现2个轴的同时移动。快速倍率实时修调有效。

当进行手动快速移动时，按下 ![图标] 键，使指示灯熄灭，快速移动无效，以手动速度进给。

3. 手轮进给

转动手摇脉冲发生器，可以使车床微量进给。

(1)选择手轮方式：按下手轮方式键 ![图标]，选择手轮操作方式，这时液晶屏幕右下角显示[手轮方式]。

(2)选择手轮运动轴：在手轮方式下，按下相应的键 ![图标] ![图标]。

（3）选择移动量：按下增量选择移动增量，相应在屏幕左下角显示移动增量。

（4）移动量选择开关 ⬚ ⬚ ⬚ 。

（5）转动手轮 ▨：手轮进给方向由手轮旋转方向决定。一般情况下，手轮顺时针为正向进给，逆时针为负向进给。

4. 录入（MDI）运转方式

从 LCD/MDI 面板上输入一个程序段的指令，并可以执行该程序段。

【例 1 - 1】设当前刀尖点工件坐标为（X50.0 Z100.0）的位置，程序段为 G50 X50.0Z100.0，操作步骤如下：

（1）按 ▨ 键进入录入操作方式；

（2）按 ▨ 键（必要时再按 ▨ 键或 ▨ 键）进入程序状态"程序段值"页面：

```
程序状态                    O0008 N0000
    程序段值            模态值
 X                      F        10
 Z          G00         M        05
 U          G97         S        0000
 W          G98         T        0100
 R
 F
 M          G21
 S                      SRPM     0099
 T                      SSPM     0000
 P                      SMAX     9999
 Q                      SMIN     0000
                        S 0000 T0100
                    录入方式
```

（3）依次键入 ▨、▨、▨ 及 ▨。页面显示如下：

```
程序状态                    O0008 N0000
    程序段值            模态值
G50 X                   F        10
    Z       G00         M        05
    U       G97         S        0000
    W       G98         T        0100
    R
    F
    M       G21
    S                   SRPM     0099
    T                   SSPM     0000
    P                   SMAX     9999
    Q                   SMIN     0000
                        S 0000 T0100
                    录入方式
```

（4）依次键入地址键 Z 数字键 1、0、0 及 键；

（5）依次键入地址键 X 、数字键 5、0 及 键；执行完上述操作后页面显示如下：

```
程序状态                          O0008 N0000
        程序段值              模态值
G50  X      50.000            F        10
     Z     100.000    G00    M        05
     U                G97    S      0000
     W                G98    T      0100
     R
     F
     M                G21
     S                       SRPM   0099
     T                       SSPM   0000
     P                       SMAX   9999
     Q                       SMIN   0000
                            S 0000 T0100
                            录入方式
```

（6）指令字输入后，按 键执行 MDI 指令字。运行过程中可按 键、 键以及急停按钮使 MDI 指令字停止运行。

5. 自动运转的启动

（1）首先把程序存入存储器中（方法查看编辑方式）；

（2）选择自动方式；

（3）选择要运行的程序；

①选择编辑或自动操作方式；

②按 键，并进入程序内容显示画面；

③按地址键 O ，键入程序号；

④按 或 键，在显示画面上显示检索到的程序，若程序不存在，CNC 出现报警。

（4）按运行启动按钮。按运行启动按钮后，开始执行程序。

自动运行启动键   自动运行暂停键

6. 试运行

（1）全轴车床锁住

自动操作方式下，车床锁住开关 为开时，车床拖板不移动，位置界面下的综合坐标页面中的"车床坐标"不改变，相对坐标、绝对坐标和余移动量显示不断刷新，与车床锁住开关处于关状态时一样；并且 M、S、T 都能执行。车床锁住运行常与辅助功能锁住功能一起用于程序校验。

开关打开方法：按 键使状态指示区中车床锁住运行指示灯 亮，表示进入车床锁住运行状态。

（2）辅助功能锁住

如果车床操作面板上的辅助功能锁住开关 键置于开的位置，M、S、T 代码指令不执行，与车床锁住功能一起用于程序校验。

7. 单程序段

首次执行程序时，为防止编程错误，可选择单段运行。自动操作方式下，单段程序开关打开的方法如下：

按 键使状态指示区中的单段运行指示灯亮 ，表示选择单段运行功能；

单段运行时，执行完当前程序段后，CNC 停止运行；继续执行下一个程序段时，需再次按 键，如此反复直至程序运行完毕。

数控车编程与操作项目教程

内容三 数控车床常用工刃夹具与对刀

学习目标

知识目标： 了解常用数控车刀种类。

了解三爪自定心卡盘、四爪卡盘、液压卡盘、刀架等工艺装备知识。

掌握数控车床的车床坐标系知识。

技能目标： 会装拆工件及数控车刀。

掌握对刀操作。

情感目标： 分组对刀，培养小组合作精神和安全文明操作车床的职业素养。

想一想

1. 你所见过的数控车床刀具有哪些？
2. 普通车床是如何装夹工件的？数控车床是否也是一样？
3. 数控车床如何装夹刀具？刀架分为哪几种？
4. 回顾一下普通车床是如何对刀的？数控车床也一样吗？

知识学习

读一读

一、 数控外圆车刀

数控车刀可以分为以下几种类型：外圆刀、镗孔刀、螺纹刀、切槽刀、端面刀等，如图 1 – 9 所示。

数控外圆车刀类同一般车床外圆车刀，常用的有整体式、焊接式、机夹式、可转位式。为适应数控加工特点，数控车床常用可转位车刀、机夹刀，并采用涂层刀片，以提高加工效率，如图 1 – 10 所示。

二、 数控车床装夹工件、 刀具设备

1. 装夹工件设备

普通数控车床常采用三爪自定心卡盘、四爪单动卡盘装夹工件。但此类装夹需校正工件，所需时间长、效率低。高档数控车床采用液压卡盘装夹工件，效率高，但成本高。普通经济型数控车床在加工一般圆柱类零件时，一般采用三爪卡盘。三种卡盘如图 1 – 11 所示。

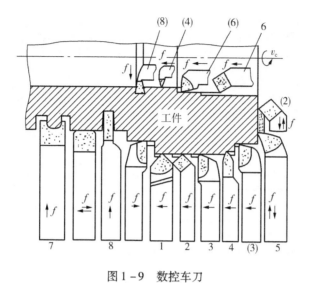

图1-9 数控车刀

图1-10 数控外圆车刀

(a) 三爪卡盘

(b) 四爪卡盘

(c) 液压卡盘

图1-11 常见卡盘

2. 装夹刀具设备

车刀装夹在刀架上，数控车床上常用4工位电动刀架（图1-12）和6、8工位回转刀架。图1-13所示为8工位回转刀架。

图 1 – 12　4 工位电动刀架

图 1 – 13　8 工位回转刀架

三、 数控车床车床坐标系

在数控车床中，为确定车床各运动轴的方向和相互的距离，需建立一个空间坐标系。在车床上设置一个固定点，将该点作为数控车床进行加工运动的基准点（简称"车床原点"），以该点为零点建立的坐标系是机械坐标系（此原点由车床厂家设置）。该坐标系的建立必须依据一定的原则。

1. 车床坐标系的确定原则

（1）采用假定工件是静止的，刀具相对工件运动的原则。规定不论是刀具运动还是工件运动，均以刀具的运动为准。工件看成静止不动，这可按零件轮廓外形确定刀具的加工运动轨迹。

（2）采用右手笛卡儿直角坐标系原则。标准坐标系采用右手直角笛卡儿定则，基本坐标轴 X、Y、Z 的关系及其正方向用右手直角定则判定。通常主轴的轴心方向定义为 Z 轴。如图 1 – 14 所示拇指为 X 轴，食指为 Y 轴，中指为 Z 轴。一般先确定 Z 轴，然后再确定 X、Y 轴。Z 轴由传递切削动力的主轴所规定，对于数控车床，Z 轴是带动工件旋转的主轴；X 轴处于水平方向，垂直于 Z 轴且平行于工件的装夹平面。

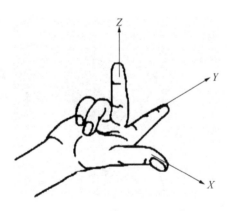

图 1 – 14　右手笛卡儿直角坐标系

2. 卧式数控车床车床坐标系

卧式数控车床的车床坐标系有两个坐标轴，即 Z 轴和 X 轴。Z 轴在主轴轴线上，向右为坐标轴正方向；X 轴为水平方向，其正方向视刀架为前置或后置刀架而定。

前置刀架：刀架与操作者在同一侧，价格较便宜，经济型数控车床和水平导轨的普通数控车床通常采用前置刀架，X 轴正方向指向操作者，如图 1-15a 所示。

后置刀架：刀架与操作者不在同一侧，倾斜导轨的全功能型数控车床和车削中心常采用后置刀架，X 轴正方向背向操作者，如图 1-15b 所示。

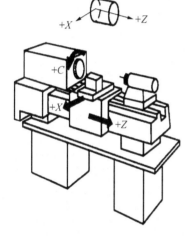
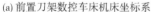

(a) 前置刀架数控车床机床坐标系

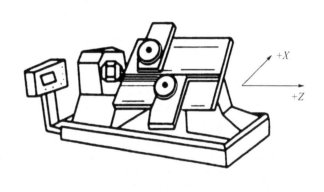

(b) 后置刀架数控车床机床坐标系

图 1-15 数控车床车床坐标系

3. 车床原点、车床参考点

（1）车床原点，即车床坐标系的原点，又称为车床零点，是数控车床上设置的一个固定点。它在车床制造调试时就已设置好，一般情况下用户不能更改。

数控车床的车床原点又是数控车床进行加工运动的基准参考点，通常设置在卡盘端面与主轴轴线的交点处，如图 1-16 所示。

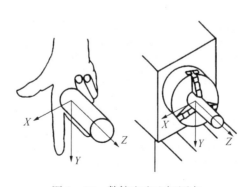

图 1-16 数控车床坐标原点

数控车编程与操作项目教程

（2）车床参考点，该点在车床出厂时已设置，并将坐标数据输入到数控系统中保存，车床断电不会丢失。对于运动轴采用相对编码器的数控车床，开机时必须先进行刀架返回车床参考点操作，回参考点的目的是为了建立数控车床坐标系，并确定车床原点。只有车床回参考点以后，车床坐标系才建立起来，刀具移动距离才是准确的。数控车床参考点位置通常设置在车床坐标系中 +X、+Z 极限位置处，如图 1－17 所示。

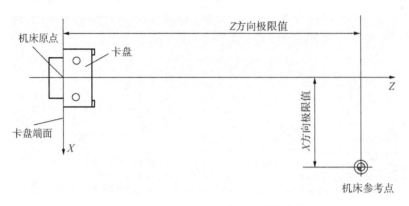

图 1－17　车床坐标系原点及车床参考点

4. 工件坐标系、程序零点

工件坐标系（又称零件坐标系），是加工一个工件所使用的坐标系。在所设定的工件坐标系中编制程序并执行工件的加工，可通过改变工件坐标系原点的设定值，改变工件坐标系在车床上的位置。

为了简化尺寸计算和方便编程，编程工艺人员选择工件上的某一点为坐标原点而建立的一个坐标系，称为工件坐标系。为了确定刀具起点与工件坐标系之间的相对位置关系，将刀具起点位置称为程序零点，广数 980TD 数控系统使用的 G50 指令用于定义程序零点在工件坐标系中的坐标位置。G50 一旦定义，程序零点与工件坐标系间关系即被确定，通电工作期间一直有效，直到被新的 G50 设定取代。若数控系统断电，G50 的设定值将丢失，开机后若无 G50 设定，则以当前显示的绝对坐标值为刀具起点建立起工件坐标系与刀具起点间的相对关系。一般情况下，工件坐标系的原点应选在尺寸标注的基准或定位基准上，车床编程的工件坐标系原点一般选在卡盘中心上（图 1－18），或是工件轴线与工件的端面（图 1－19）。

四、 对刀操作

加工一个零件通常需要几把不同的刀具，由于刀具安装及刀具形状不同，每把刀转到切削位置时，其刀尖所处的位置并不完全重合。为简化编程，允许在编程时不考虑刀具的实际位置，GSK980TD 系统提供了定点对刀、试切对刀及回机械零点对刀三种对刀方法，通过对刀操作来获得刀具偏置数据。

1. 定点对刀

操作步骤如下：

①首先确定 X、Z 向的刀补值是否为零，如果不为零，必须把所有刀具号的刀补值清零；

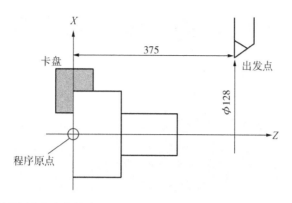

工件原点设在卡盘的中心上：G50 X128. 0 Z375. 0（直径指定）

图1-18　工件原点设在卡盘的中心上

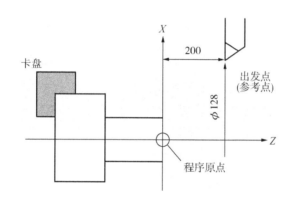

工件原点设定在工件右侧端面上：G50 X128. 0 Z200. 0（直径指定）

图1-19　工件原点设在工件的端面上

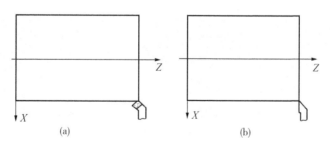

图1-20

②使刀具中的偏置号为00（如T0100，T0300）；

③选择任意一把刀（一般是加工中的第一把刀，此刀将作为基准刀）；

④将基准刀的刀尖定位到某点（对刀点），如图1-20a；

⑤在录入操作方式、程序状态页面下用G50 X_ Z_指令设定工件坐标系；

⑥使相对坐标（U，W）的坐标值清零；

⑦移动刀具到安全位置后，选择另外一把刀具，并移动到对刀点，如图1-19（b）；

⑧按 [偏置] ，按 [↑] 键、[↓] 键移动光标选择该刀对应的刀具偏置号；

⑨按地址键 [U] ，再按 [输入] 键，X 向刀具偏置值被设置到相应的偏置号中；

⑩按地址键 [W] ，再按 [输入] 键，Z 向刀具偏置值被设置到相应的偏置号中；

⑪重复步骤⑦～⑩，可对其他刀具进行对刀。

2. 试切对刀（此种对刀方法不常用）

以工件端面建立工件坐标系，如图 1－21、图 1－22 所示。操作步骤如下：

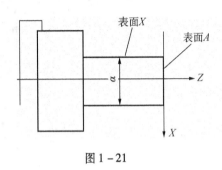

图 1－21

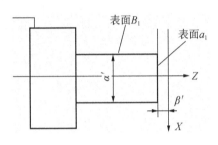

图 1－22

①选择任意一把刀，使刀具沿 A 表面切削；

②在 Z 轴不动的情况下沿 X 轴退出刀具，并且停止主轴旋转；

③按 [偏置] 键进入偏置界面，选择刀具偏置页面，按 [↑] 、[↓] 键移动光标选择该刀具对应的偏置号；

④依次键入地址键 [Z] 、数字键 [0] 及 [输入] 键；

⑤使刀具沿 B 表面切削；

⑥在 X 轴不动的情况下，沿 Z 轴退出刀具，并且停止主轴旋转；

⑦测量直径 α（假定 $\alpha = 15$）；

⑧按 [偏置] 键进入偏置界面，选择刀具偏置页面，按 [↑] 、[↓] 键移动光标选择该刀具对应的偏置号；

⑨依次键入地址键 [X] 、数字键 [1] 、[5] 键及 [输入] 键；

⑩移动刀具至安全换刀位置，换另一把刀；

⑪使刀具沿 A_1 表面切削；

⑫在 Z 轴不动的情况下沿 X 轴退出刀具，并且停止主轴旋转；

⑬测量 A_1 表面与工件坐标系原点之间的距离 β'（假定 $\beta' = 1$）；

⑭按 [偏置] 键进入偏置界面，选择刀具偏置页面，按 [↑] 、[↓] 键移动光标选择该刀具对应的偏置号；

⑮依次按地址键 [Z] 、符号键 [空格] 、数字键 [1] 及 [输入] 键；

⑯使刀具沿 B_1 表面切削；

⑰在 X 轴不动的情况下，沿 Z 轴退出刀具，并且停止主轴旋转；

⑱测量距离 α'（假定 $\alpha' = 10$）；

⑲按 [偏置] 键进入偏置界面，选择刀具偏置页面，按 [↑] 、[↓] 键移动光标选择该刀具对应的偏置号；

⑳依次键入地址键 ⊠、数字键 ⓪、⓪ 键及 键；

㉑其他刀具对刀方法重复操作步骤⑩～⑳。

3. 回机械零点对刀

用此对刀方法不存在基准刀和非基准刀问题，在刀具磨损或调整任何一把刀时，只要对此刀进行重新对刀即可。对刀前回一次机械零点。断电后上电只要回一次机械零点后即可继续加工，操作简单方便。

以工件端面建立工件坐标系，如图1-23、图1-24所示。操作步骤如下：

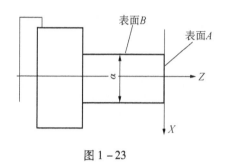

图 1-23

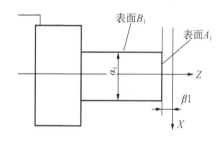

图 1-24

①按 键进入机械回零操作方式，使两轴回机械零点；

②选择任意一把刀，使刀具中的偏置号为00(如 T0100，T0300)；

③使刀具沿 A 表面切削；

④在 Z 轴不动的情况下，沿 X 退出刀具，并且停止主轴旋转；

⑤按 键进入偏置界面，选择刀具偏置页面，按 ⓪、⓪ 键移动光标选择某一偏置号；

⑥依次按地址键 ⓩ、数字键 ⓪ 及 键，Z 轴偏置值被设定；

⑦使刀具沿 B 表面切削；

⑧在 X 轴不动的情况下，沿 Z 退出刀具，并且停止主轴旋转；

⑨测量距离 α(假定 $\alpha = 15$)；

⑩按键 进入偏置界面，选择刀具偏置页面，按 ⓪、⓪ 键移动光标选择偏置号；

⑪依次键入地址键 ⊠、数字键 ⓵、⑤ 键及 键，X 轴刀具偏置值被设定；

⑫移动刀具至安全换刀位置；

⑬换另一把刀，使刀具中的偏置号为00(如 T0100，T0300)；

⑭使刀具沿 A_1 表面切削；

⑮在 Z 轴不动的情况下沿 X 轴退出刀具，并且停止主轴旋转；测量 A_1 表面与工件坐标系原点之间的距离 β_1(假定 $\beta_1 = 1$)；

⑯按 键进入偏置界面，选择刀具偏置页面，按 ⓪、⓪ 键移动光标选择某一偏置号；

⑰依次按地址键 ⓩ、符号键 、数字键 ⓵ 及 键，Z 轴刀具偏置值被设定；

⑱使刀具沿 B_1 表面切削；

⑲在 X 轴不动的情况下，沿 Z 退出刀具，并且停止主轴旋转；

⑳测量距离 α_1（假定 $\alpha_1 = 10$）；

㉑按 键进入偏置界面，选择刀具偏置页面，按 、 键移动光标选择偏置号；

㉒依次键入地址键 、数字键 、 键及 键，X 轴刀具偏置值被设定；

㉓移动刀具至安全换刀位置；

㉔重复操作步骤⑮～㉓，即可完成所有刀的对刀。

内容四 数控车床指令及编程

◤ 学习目标 ◥

知识目标： 了解数控车床的指令代码。

掌握数控编程 G、M、F、S、T 等常用指令的功能。

掌握数控编程的格式和方法。

技能目标： 掌握数控编程的格式。

能运用指令进行简单的编程。

情感目标： 以指令记忆为训练项目，培养学生记忆方法能力和小组合作交流能力。

想一想

1. 数控车床指令有哪些?

2. 数控车床的指令能控制什么?

3. 学习了数控指令后可以用来做什么?

4. 程序的格式是怎样的?

5. 你对数控编程了解多少? 简单举例。

◤ 知识学习 ◥

读一读

一、 编程指令的模态和非模态

模态是指相应字段的值一经设置，以后一直有效地直至某程序段又对该字段重新设置。模态的另一意义是设置之后，以后的程序段中若使用相同的功能，可以不必再输入该字段。

【程序案例1】

G00 X50 Z50；（快速定位至 X50 Z50 处）

X25 Z28；（快速定位至 X25 Z28 处，G0 为模态指定，可省略）

G01 X22 Z20 F100；（直线插补至 X22 Z20 处，进给速度 100mm/min G0→G1）

X50；（直线插补至 X50 Z20 处，进给速度 100mm/min，G1、F100 均为模态指定，可省略不输）

G00 X0 Z0；（快速定位至 X0 Z0 处）

初态是指数控系统上电后默认的编程状态，具体见表1-5。

【程序案例 2】

O0003；

X80 Z80；（快速定位至 X80　Z80 处，没有输入 G0，因 G0 为系统初态）

G01 X20 Z20 Z200；（直线插补至 X20　Z20 处，每分钟进给，进给速度为 200mm/min，G98 为系统上电初态，F 的采用的是每分钟进给）

非模态是指相应字段的值仅在书写了该代码的程序段中有效，下一程序段如再使用该字段的值必须重新指定，具体见表 1-5。

【程序案例 3】

G00 X100 Z10；（快速定位至点 X100　Z10）

G92 X50 Z-30 I12；（切削每英寸尺牙数为 12 的英制直螺纹，终点坐标为 X40　Z-30）

Z-50 I12；（切削每英寸牙数为 12 的英制直螺纹，终点坐标为 X50　Z-50，I 为非模态指定，需重新输入）

Z-70 I12；（切削每英寸牙数为 12 的英制直螺纹，终点坐标为 X38　Z-30，I 为非模态指定，需重新输入）

G00 X100 Z10；（快速定位至 X100　Z10 处）

表 1-5　模态与非模态

模态	模态 G 功能	一组可相互注销的 G 功能，这些功能一旦被执行，则一直有效，直到被同一组的 G 功能注销为止
	模态 M 功能	一组可相互注销的 M 功能，这些功能在被同一组的另一个功能注销前一直有效
非模态	非模态 G 功能	只在所规定的程序段中有效，程序段结束时被注销
	非模态 M 功能	只在书写了该代码的程序段中有效

二、准备功能：G 代码

准备功能 G 指令由 G 后一或两位数字组成，它用来规定刀具和工件的运动轨迹、坐标设定、刀具补偿偏置等多种加工操作。G 代码及功能表见表 1-6。

G 功能根据功能的不同分成若干组，有模态和非模态两种形式，其中 00 组的 G 功能为非模态 G 功能，其余组的为模态 G 功能。

表 1-6　G 代码及功能表

G 代码	组　　别	功　　能
G00	01	定位(快速移动)
*G01		直线插补(切削进给)
G02		圆弧插补 CW(顺时针)
G03		圆弧插补 CCW(逆时针)
G04	00	暂停,准停
G28		返回参考点(机械原点)
G32	01	螺纹切削
G33		攻丝循环
G34		变螺距螺纹切削
*G40	04	刀尖半径补偿(选配)
G41		
G42		
G50	00	坐标系设定
G65		宏程序命令
G70		精加工循环
G71		外圆粗车循环
G72		端面粗车循环
G73		封闭切削循环
G74		端面深孔加工循环
G75		外圆、内圆切削循环
G76		复合型螺纹切削循环
G90	01	外圆、内圆车削循环
G92		螺纹切削循环
G94		端面切削循环
G96	02	恒线速开
G97		恒线速关
*G98	03	每分钟进给
G99		每转速进给

注意:① 带有 * 记号的 G 代码,当电源接通时,系统处于这个 G 代码的状态。

② 00 组的 G 代码是非模态 G 代码。

③ 如果使用了 G 代码一览表中未列出的 G 代码,则出现报警;或指令了不具有的选择功能的 G 代码,也会出现报警。

④ 在同一个程序段中可以指令几个不同组的 G 代码,如果在同一个程序段中指令了两个以上的同组 G 代码时,后一个 G 代码有效。

⑤ 在恒线速控制下,可设定主轴最大转速(G50)。

⑥ G 代码分别用各组号表示。

⑦ G02,G03 的顺逆方向由坐标系方向决定。

三、 辅助功能： M 代码

辅助功能 M 代码由地址字 M 和其后的一或两位数字组成，主要用于控制零件程序的走向，以及车床各种辅助功能的开关动作。M 功能有模态和非模态两种形式，如图 1 - 25 所示。

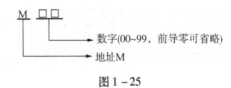

图 1 - 25

一个程序段只能有一个 M 指令有效，当程序段中出现两个或两个以上的 M 指令时，系统报警。

M 指令与执行移动功能的指令字共段时，执行的先后顺序如下：

（1）当 M 指令为 M00、M30、M98 和 M99 时，先移动，再执行 M 指令；

（2）当 M 指令为输出控制的 M 指令，与移动同时执行。

GSK980TD 数控系统 M 指令功能如表 1 - 7 所示（＊标记者为初态）。

表 1 - 7　M 代码及功能

代码	形式	功　能	代码	形式	功　能
M00	非模态	程序暂停	M11	模态	尾座退
M30	非模态	程序结束并返回到零件程序头	M12	模态	卡盘夹紧
M98	非模态	子程序调用	M13	模态	卡盘松开
M99	非模态	从子程序返回	M32	模态	润滑开
M03	模态	主轴正转	＊M33	模态	润滑关
M04	模态	主轴反转	M41	模态	主轴自动换挡第 1 挡转速
＊M05	模态	主轴停止	M42	模态	主轴自动换挡第 2 挡转速
M08	模态	冷却液开	M43	模态	主轴自动换挡第 3 挡转速
＊M09	模态	冷却液关	M44	模态	主轴自动换挡第 4 挡转速
M10	模态	尾座进			

注意：在 M、S、T 代码中，当地址后的第一位数字是 0 时可省略。如 M03 可写成 M3，G01 可写成 G1。

四、 换刀及刀具补偿指令功能： T 代码

数控车床加工时，为完成零件加工，通常装有可换位的自动刀架。由于刀具的外形及安装位置不同，处于加工位置时，其刀尖相对工件坐标系的位置不一定完全相同（如图 1 - 26 所示）；而且，刀具使用一段时间后会有磨损，其刀尖位置也会发生变化，导致产品尺寸产生误差。因此需要将各刀具的位置值进行比较设定。为简化编程，需要对各刀具间长度偏差进行补偿，简称刀具长度补偿或刀具偏值补偿。

T□□ □□代码用于换刀，其后的 4 位数字分别表示选择的刀具号和刀具补偿号。执行 T 指令时，将转动刀架到指定的刀号位置，同时将使用指定的刀具补偿号的补偿值。

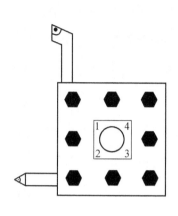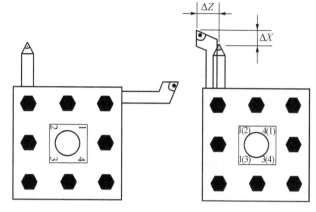

图 1-26　刀具位置图

①指令格式：

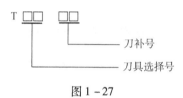

图 1-27

②T0101 表示选择一号刀同时使用第 01 号刀补值，T0102 表示选择一号刀同时使用第 02 号刀补值。

在一个程序段中只可以指令一个 T 代码。

（1）当移动指令和 T 代码在同一程序段中指令时，先换刀后执行移动指令，刀具补偿与移动指令合并执行。

（2）当一个程序段有 T 代码而没有运动指令时，如果选择刀架移动，移动方式按 G00。

（3）刀具选择是通过指定与刀具号相对应的 T 代码来实现的，系统可提供的刀具数可由系统参数设定。

（4）刀具的补偿包括刀具的偏置补偿和刀尖半径补偿。刀具补偿号共有 32 组：01～32。每一组补偿号有 4 个补偿数据：X、Z、R、T。（R、T 分别用于刀尖半径补偿和磨损补充），X 为 X 轴的补偿量，Z 为 Z 轴的补偿量，具体见表 1-8。

表 1-8　刀具补偿页面的显示

补偿号	偏置量			
	X 补偿量	Z 补偿量	R	T
00	0.000	0.000		
01	0.020	0.010		
02	0.040	0.020		
03	⋮			
⋮				
32				

注意：如果补偿号是 00，则取消刀具补偿。当补偿号是 01～32 组中任一组时刀具补偿有效。

五、 主轴功能: S 代码

通过地址 S 和其后面的数字, 把代码信号送给车床, 用于车床的主轴控制。在一个程序段中可以指令一个 S 代码, S 代码为模态指定。

当移动指令和 S 代码在同一程序段时, 移动指令和 S 功能指令同时开始执行。

【程序案例 4】

S500 M03; (主轴正转, 转速 500r/min)

G0　X100　Z10;

六、 数控编程的定义与规则

零件程序产生流程, 如图 1 - 28 所示。

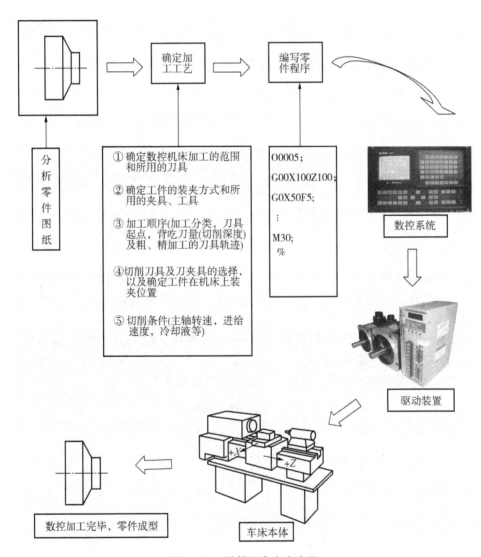

图 1 - 28　零件程序产生流程

数控车床的刀具按存储器中的程序指定的方式运动。当使用数控车床加工一个零件时，把刀具的轨迹和其他加工条件编入一个程序，这个程序称为零件加工程序，简称零件程序。

如图1-28，清楚地表达了怎样从零件的图纸得到零件的数控加工程序。

零件程序描述刀具运动轨迹和车床的辅助运动，所有这些都写在加工程序单上。

数控系统的编程就是把零件加工的工艺过程、工艺参数、刀具位移量、车床辅助功能等信息，用数控系统专用的编程语言代码（目前应用得最广泛的有ISO（国际标准化组织）码和EIA（电子工业联合会）码）编写零件程序的过程。数控系统将零件程序转化为对车床的控制动作，实现零件的自动加工。

七、 程序组成

程序是由多个程序段构成的，而程序段又是由字构成的，各程序段用程序段结束代码，本书中用字符";"或"＊"表示程序段结束代码。

控制数控车床完成零件加工的指令系列的集合称为程序。按着指令使刀具沿着直线、圆弧运动，或使主轴运动、停转，在程序中根据车床的实际运动顺序书写这些指令。程序的结构如图1-29所示。

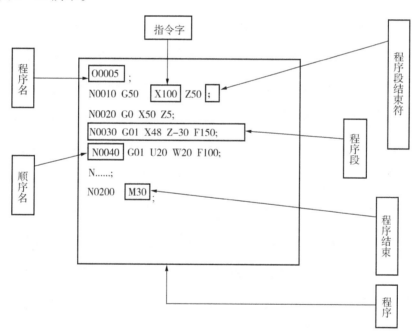

图1-29　程序的结构

1. 程序名

在本系统中，系统的存储器里可以存储多个程序。为了把这些程序相互区别开，在程序的开头，冠以用地址O及后续四位数值构成的程序名，如图1-30所示。

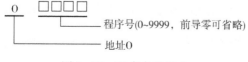

图1-30　程序名的构成

2. 顺序号和程序段

程序是由多个指令构成的，把它的一个指令单位称为程序段(图1-29)。程序段之间用程序段结束代码(图1-29)隔开，在本说明书中用字符";"或"＊"表示程序段结束代码。

在程序段的开头可以用地址 N 和后面四位数构成的顺序号(图1-29)，前导零可省略。顺序号的顺序是任意的，其间隔也可不等。可以全部程序段都带有顺序号，也可以在重要的程序段带有。但按一般的加工顺序，顺序号要从小到大。在程序的重要地方带上顺序号是方便的(例如，换刀时，或者工作台分度移到新的加工面时等等)。

3. 指令字

字(图1-31)是构成程序段的要素。字是由地址和其后面的数字构成的(有时在数字前带有 + 、 - 符号)。

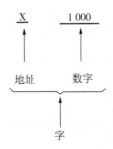

图1-31　指令字的组成

地址是英文字母(A～Z)中的一个字母。它规定了其后数值的意义。在本书所指的数控系统中，可以使用的地址和它的意义以及取值范围如表1-9所示。

根据不同的功能，有时一个地址也有不同的意义。

表1-9　指令字地址取值范围

地址	取值范围	功能意义
O	0～9999	程序名
N	0～9999	顺序号
G	00～99	准备功能
X	-9999.999～9999.999(mm)	X 向坐标地址
	0～9999.999(s)	暂停时间指定
Z	-9999.999～9999.999(mm)	Z 向坐标地址
U	-9999.999～9999.999(mm)	X 向增量
	0～9999.999(s)	暂停时间
	-9999.999～9999.999(mm)	G71、G72、G73 指令中 X 向精加工余量
	1～9999999(0.001mm)	G71 中切削深度
	-9999.999～9999.999(mm)	G73 中 X 向退刀距离

地址	取值范围	功能意义
W	-9999.999～9999.999(mm)	Z向增量指定时地址
	1～9999999(0.001mm)	G72中切削深度
	-9999.999～9999.999(mm)	G71、G72、G73指令中Z向精加工余量
	-9999.999～9999.999(mm)	G73中Z向退刀距离
R	-9999.999～9999.999(mm)	圆弧半径
	1～9999999(0.001mm)	G71、G72循环退刀量
	1～9999999(0.001mm)	G73中粗车次数
	0～9999999(0.001mm)	G74、G75中切削后的退刀量
	0～9999999(0.001mm)	G74、G75中切削到终点时的退刀量
	0～9999999(0.001mm)	G76中精加工余量
	-9999.999～9999.999(mm)	G90、G92、G94中锥度
I	-9999.999～9999.999(mm)	圆弧中心相对起点在X轴矢量
	0.06～25400(牙/in)	英制螺纹牙数
K	-9999.999～9999.999(mm)	圆弧中心相对起点在Z轴矢量
F	0～7600(mm/min)	分进给速度
	0.001～500(mm/rad)	转进给速度
	0.001～500(mm)	公制螺纹导程
S	0～9999(rad/min)	主轴转速指定
	00～04	多挡主轴输出
	10～99	子程序调用
T	01～32	刀具功能
M	00～99	辅助功能输出、程序执行流程、子程序调用
P	0～9999999(0.001 s)	暂停时间
	0～9999	调用子程序号
	0～9999	子程序调用次数
	0～9999999(0.001mm)	G74、G75中X向循环移动量
		G76中螺纹切削参数
	0～9999	程序段顺序号
Q	0～9999	程序段顺序号
	0～9999999(0.001mm)	G74、G75中Z向循环移动量
	1～9999999(0.001mm)	G76中第一次切入量
H	01～99	G65中运算符

八、 程序的一般结构

程序分为主程序和子程序。通常 CNC 是按主程序的指示运动的，如果主程序上遇有调用子程序的指令，则 CNC 按子程序运动，在子程序中遇到返回主程序的指令时，CNC 便返回主程序继续执行。程序动作顺序如图 1–32 所示。

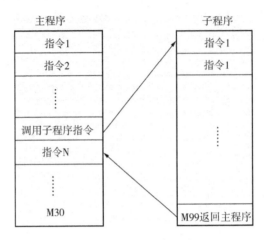

图 1–32　程序运行顺序

主程序和子程序的组成结构是一致的。

在程序中存在某一固定顺序且重复出现时，可以将其作为子程序，事先存到存储器中，而不必重复编写，以简化程序。子程序可以在自动方式下调出，一般在主程序之中用 M98 调用，并且被调用的子程序还可以调用另外的子程序。从主程序中被调出的子程序称为一重子程序，共可调用四重子程序（图 1–33）。子程序的最后一段必须是返回指令即 M99。执行 M99 指令，程序又返回到主程序中调用子程序段的下一段程序继续执行。当主程序结尾为 M99 时，程序可重复执行。

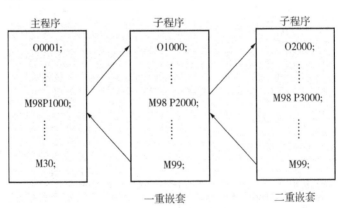

图 1–33　二重子程序嵌套

可以用一条子程序调用指令连续、重复地调用同一子程序，最多可重复调用 9999 次。

1. 子程序编写

按下面格式写一个子程序。

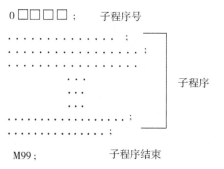

在子程序的开头，在地址 O 后写上子程序号，在子程序最后是 M99 指令也可以不作为单独的一个程序段。M99 编写格式如下。

X……M99；

2. 子程序的调用

子程序由主程序或子程序调用指令调出执行。调用子程序的指令格式如下：

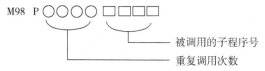

①如果省略了重复次数，则认为重复次数为 1 次。

如：M98 P05000010；（表示号码为 10 的子程序连续调用 5 次。）

②M98 P_ 也可以与移动指令同时存在于一个程序段中。

如：G0 X1000 M98 P1200 ；（此时，X 移动完成后，调用 1200 号子程序。）

③从主程序调用子程序执行的顺序。

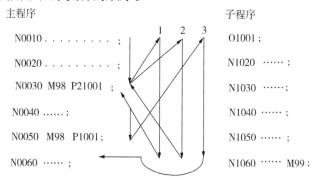

3. 程序结束

程序从程序名开始，用 M30 或 M99 结束，见图 1－29。在执行程序中，如果检测出程序结束代码：M30 或 M99，则系统结束执行程序，变成复位状态。若是 M30 指令结束时，则程序结束；若是子程序结束时，则返回到调用子程序的程序中。

【程序案例5】

O0050；（程序号（名称））

N0010 G00 X120 Z120；（定位到 A 点（起刀点））

N0020 G00 X40 Z60；（从 A 点快速运动到 B 点）

N0030 G01 Z10 F100；（从 B 点切削进给到 C 点）

数
控
车
编
程
与
操
作
项
目
教
程

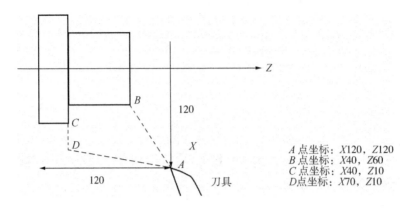

A 点坐标：X120，Z120
B 点坐标：X40，Z60
C 点坐标：X40，Z10
D 点坐标：X70，Z10

刀具

图 1-34　简单零件加工路线示意图

N0040 G01 X70 F100；（从 C 点切削进给到 D 点）
N0050 G00 X120 Z120；（从 D 点快速回到 A 点）
N0060 M30；（加工结束）
运行该程序，刀具将走出 A→B→C→D→A 的轨迹。

九、　直径方式和半径方式编程

数控车床的工件外形（图 1-35）通常是回转体，其 X 轴尺寸可以用两种方式加以指定：直径方式和半径方式。

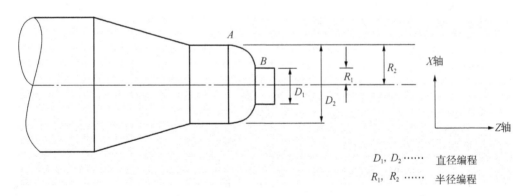

D_1，D_2 ⋯⋯　直径编程
R_1，R_2 ⋯⋯　半径编程

图 1-35　工件外形图

用直径值指定时称为直径编程，用半径值指定时称为半径编程。采取直径编程还是半径编程可由系统参数 No.001 的第 2 位设置。当参数 No.001 的第 2 位为 1 时，用半径编程；当参数 No.001 的第 2 位为 0 时，用直径编程。

当 X 轴用直径编程时，请注意表 1-10 条件。

表 1 - 10　直径指定注意事项

项　目	注意事项
Z 轴指令	与直径、半径无关
X 轴指令	用直径指令
地址 U 的增量指令	用直径指令上图 $B{\to}A$, $D_2{\to}D_1$
坐标系设定（G50）	用直径指令 X 轴坐标值
刀具补偿量的 X 轴的值	用参数（No. 004 , ORC）指定直径或半径
G90 , G92 , G94 中的 X 轴的切深量	用半径值指令
圆弧插补的半径指令（R , I , K）	用半径值指令
X 轴方向的进给速度	半径变化/转　半径变化/分
X 轴的位置显示	用直径值显示

注意：1. 在本书中，没有特别指出直径或半径指定，当直径指定时，X 轴为直径值；当半径指定时，X 轴为半径值。

2. 关于刀具补偿使用直径的意义，是指当刀具补偿量改变时，工件外径用直径值改变。如果不换刀具，补偿量改变 10 mm，则切削工件外径的直径值改变 10 mm。

3. 关于刀具补偿使用半径的意义，是指刀具本身的长度。

十、　绝对坐标编程和相对坐标编程

作为定义轴移动量的方法，有绝对值定义和相对值定义两种方法。绝对值定义是用轴移动的终点位置的坐标值进行编程的方法，称为绝对坐标编程。相对值定义是用轴移动量直接编程的方法，称为相对坐标编程。GSK 980TD 数控系统中，绝对坐标编程采用地址 X、Z，相对坐标编程采用地址 U、W。

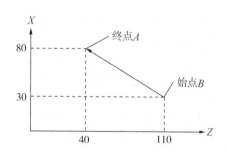

图 1 - 36　绝对坐标与相对坐标

如图 1 - 36，从终点 A 到始点 B 的移动过程，可用绝对值指令编程或相对值指令编程，具体如下：

G01 X80 Z40；或

G01 U50 W - 70；

绝对值编程/相对值编程指令，是用地址字来区别的，如表 1 - 11 所示。

表 1 – 11

绝对值指令	相对值指令	备　注
X	U	X 轴移动指令
Z	W	Z 轴移动指令

【例 1 – 2】分别用绝对指令和相对指令编写图 1 – 37 程序。如表 1 – 12 所示。

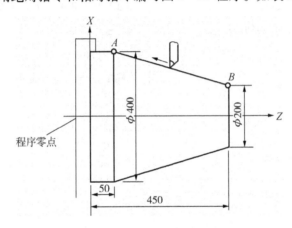

图 1 – 37　绝对、相对编程图例

表 1 – 12

	指令方法	使用地址	图 1 – 37 中 B→A 的指令
绝对指令	指令在零件坐标系中终点位置	X(X 坐标值) Z(Z 坐标值)	X400. 0 Z50. 0;
相对指令	指令从始点到终点的距离	U(X 坐标值) W(Z 坐标值)	U200. 0 W – 400. 0;

注意：① 绝对值指令和相对值指令在一个程序段内可以混用。图 1 – 37 例中也可以编为 X400. 0 W – 400. 0。

② 当 X 和 U 在一个程序段中同时出现时，X 指令值有效。

③ 当 Z 和 W 在一个程序段中同时出现时，Z 指令值有效。

内容五 程序输入、编辑

学习目标

知识目标：了解程序的编辑按钮功能。

掌握程序的输入和编辑方法。

技能目标：掌握程序的输入、编辑方法。

掌握程序的输入、编辑、复制、选择、修改、删除等基本操作。

情感目标：分组训练，熟悉程序输入步骤与要领，培养学生小组合作交流能力。

 **想一想**

1. 回顾系统控制面板中的哪一个区域是属于程序编辑、输入、修改的？

2. 还记不记得控制面板中编辑键盘区的按键功能？

3. 如何输入、编辑、复制、修改程序？

知识学习

读一读

一、 程序的输入、 编辑

在数控系统中，可以通过键盘操作来新建、选择及删除零件程序，可以对所选择的零件程序的内容进行插入、修改和删除等编辑操作，还可以通过 RS232 接口与 PC 机的串行口连接，将数控系统和 PC 中的数据进行双向传输。

零件程序的编辑需在编辑操作方式下进行。按 🔲 键进入编辑操作方式。为防用户程序被他人擅自修改、删除，系统设置了程序开关。在程序编辑之前，必须打开程序开关才能够进行编辑操作。

1. 程序内容的建立及编辑

①按 🔲 键进入编辑操作方式；

②按 🔲 键进入程序页面显示，按 🔲 键或 🔲 键选择程序显示方式，页面显示如下：

```
程序内容     行6    列1    O0008 N0000
O0008；（CNC PROGRAM. 20051020）
G50 X0 Z0；
G1 X100 Z100 F200；
G2 U100 W50 R50；
G0 X0 Z0；
X100 Z100；
M30；
%


                              S 0000 T0100
                         编辑方式
```

③按地址键 ⬚，依次键入数字键 ⬚、⬚、⬚、⬚（此处以建立 O0001 程序名为例），页面显示如下：

```
    程序                    O0101   N0000
    O0101；
    G50 X100 Z100；
    G00 X0 Z0；
    G01 U50 W-40 F200；
    X0 Z0；
    M30；
    %




    O0001                   S0000 T0200
                         编辑方式
```

④按 ⬚ 键，建立新程序名，页面显示如下：

```
    程序                    O0001   N0001
    O0001；
    ；
    %








                         S0000 T0200
                         编辑方式
```

⑤按照上面编写的程序逐字输入，然后按其他界面切换键（如▨键）或者工作方式切换键就可把程序存储起来，完成程序的输入。

2. 顺序号、字的检索

（1）顺序号检索

顺序号检索通常是检索程序内的某一顺序号，一般用于从这个顺序号开始执行或者编辑。由于检索而被跳过的程序段对 CNC 的状态无影响，被跳过的程序段中的坐标值、M、S、T 代码、G 代码等对 CNC 的坐标值、模态值不产生影响。因此，按照顺序号检索指令，开始或者再次开始执行的程序段，要设定必要的 M、S、T 代码及坐标系等。一般情况进行顺序号检索的程序段一般是在两道工序的相接处。如果必须检索工序中某一程序段并以其开始执行时，需要了解查清此时的车床状态、CNC 状态。必须与其对应的 M、S、T 代码和坐标系的设定等，可用录入方式输入进去进行设定。

（2）字的检索

字的检索用于检索程序中特定的地址字或数字，一般用于编辑。

检索程序中顺序号或字的步骤：

①选择方式（编辑或自动方式）；

②按▨键，显示程序画面；

③选择要检索顺序号或字的所在程序；

④按▨键进入检索状态；

⑤键入待检索顺序号或字，如 N1000、G90，最多可以输入 5 位，超过 5 位后新输入的字覆盖原来的第 5 位。对复合键的处理是反复按此复合键，实现交替输入；

⑥按▨键或▨键来完成向前或向后检索；

⑦如果检索到，光标停留在检索位置，继续按▨键或▨键，可以检索重复出现的下一位置；如果未检索到，则报警；

⑧可以按▨键删去前面键入的顺序号或字，然后输入新的，继续检索；

⑨再次按▨键退出检索状态。

3. 光标的几种定位方法

（1）顺序号、字的检索

（2）扫描法

选择编辑方式，按▨键，显示程序画面。

①按▨键实现光标上移一行，若光标所在列大于上一行末列，光标移到上一行末尾；

②按▨键实现光标下移一行，若光标所在列大于下一行末列，光标移到下一行末尾；

③按▨键实现光标右移一列，若光标在行末，光标移到下一行行首；

④按▨键实现光标左移一列，若光标在行首，光标移到下一行行尾；

⑤按▨键向上滚屏，光标移至上一屏首行首列，若滚屏到程序首页，则光标定位在第二行第一列；

⑥按▨键向下滚屏，光标移至下一屏首行首列。若已是程序尾页，则光标定位到程序末行第一列。

（3）返回程序开头的方法

O0200; N100 X100 Z120; S02; N110 M30;

检索方向 ←——— 程序开头 ——— 光标目前位置

方法1

按复位键 （编辑方式，选择了程序画面），当返回到开头后，在 LCD 画面上，从头开始显示程序的内容。

方法2

检索顺序号。

方法3

①置于编辑方式；

②按 键，显示程序画面；

③按地址 O；

④按光标 键。

4. 字的插入、删除、修改

选择编辑方式，按 键，显示程序画面，将光标定位在欲编辑位置。

（1）字的插入

按 键改变文本编辑方式为插入方式（当文本编辑方式为修改方式时，按工作方式转换键如【自动】也可实现同样功能），光标形状变为一短横。然后在光标所在位置输入地址字或数字即可实现插入。对复合键的处理是反复按此复合键，实现交替输入。另外，在下述两种情况，小数点后会自动补 0。

①当光标前为小数点且光标不在行末时，输入地址字、小数点后自动补 0；

②当光标前为小数点且光标不在行末时，按 键小数点后自动补 0。

（2）字的删除

①按 键删除光标前一字符；

②按 键删除光标所在处字符。

（3）字的修改

方法1：先删除光标所在处的字符，然后插入想要修改成的字符。

方法2：按 键将文本编辑由插入方式改为修改方式，光标形状将变为一反白矩形。然后移动光标到目标位置，输入想要修改成的字符，如果按键不是复合键，则修改后光标的位置后挪，否则光标位置不变，以实现复合键的交替输入。

注意：修改方式下的文本编辑不能实现插入。

5. 单个程序段的删除

此功能仅适用有顺序号的程序段，并且顺序号在行首或顺序号前只有空格。

选择编辑方式，按 键，显示程序画面，将光标移至顺序号所在程序行行首（第 1 列），按 键删除光标所在段。

如果该程序段没有顺序号，在程序段第一行行首输入 N，光标前移至行首，按 键删除。

6. 多个程序段的删除

从目前显示的字开始，删除到指定顺序号的程序段。

N100 X100 M06; S500M03; ……N2233 S600M03; N2300 M30;

```
       ┌─────────────────┐
       │ 光标目标位置要    │
       │ 把此区域删除      │
       └─────────────────┘
```

选择编辑方式，按 键，显示程序画面，将光标定位在待删除目标起始位置（如上图字符 M 处），然后按 键执行搜索功能，输入待删除多个程序段中最后一个程序段的顺序号（如上图 N2233），按 键。

7. 单个程序的删除

当欲删除存储器中的某个程序时，步骤如下：

(1)选择编辑操作方式；

(2)进入程序显示页面；

(3)键入地址 ；

(4)输入程序名（键入数字键 、 、 、 ，此处以 O0001 程序为例）；

(5)按 键，则对应所在存储器中的程序被删除；若没有此程序，删除无效并报警。

8. 全部程序的删除

当欲删除存储器中的全部程序时，步骤如下：

(1)选择编辑操作方式；

(2)进入程序显示页面；

(3)键入地址 ；

(4)依次键入符号键 及地址键 、 、 ；

(5)按 键，则存储器中所有的程序被删除。

二、 程序的选择

当存储器存入多个程序时，按 键时，总是显示指针指向的一个程序，即使断电，该程序指针也不会丢失。可以通过检索的方法调出需要的程序（改变指针）而对其进行编辑或执行，此操作称为程序检索。

1. 检索方法

(1)选择编辑或自动操作方式；

(2)按 键，并进入程序显示画面；

(3)按地址键 ；

(4)键入要检索的程序名；

(5)按 键；

(6)检索结束时，在 LCD 画面上显示检索出的程序并在画面的右上部显示已检索的程序名。

2. 扫描法

(1)选择编辑或自动操作方式；

(2)按 键，并进入程序显示画面；

(3)按地址键 ；

(4)按 键；

(5)重复步骤(3)、(4)，可逐个显示存入的程序。

3. 从程序目录选择(必须处于非加工状态)

(1)选择自动操作方式；

(2)按 █ 键(必要时再按 █ 键、█ 键)进入程序目录显示页面；

(3)按 █，█，█，█ 键将光标移动到待选择文件名；

(4)按 █ 键。

三、 程序的复制

将当前程序另存：

(1)选择编辑方式；

(2)按 █ 键，显示程序画面；

(3)按地址键 █ ；

(4)键入新程序号；

(5)按 █ 键。

四、 程序的改名

将当前程序名更改为其他的名字：

(1)选择编辑操作方式；

(2)进入程序显示页面；

(3)键入地址 █ ；

(4)键入新程序名；

(5)键入 █ 键。

五、 程序目录的检索

按 █ 键(必要时再按 █ 键、█ 键)进入程序目录显示页面：

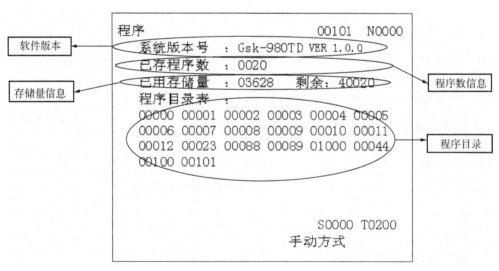

在此页面中，以程序目录表形式显示存储器中所存程序的程序名，若一页显示不完所存的程序，可按 █ 键查看下一页的程序号，如上图所示。

项目二

阶梯轴零件车削加工

项目引入

现在我校某合作企业急需一小批阶梯轴类零件(零件尺寸 C2 图纸所示), 40 件。现将订单委托我校数控车间协助解决, 该零件要使用数控车床加工。已知毛坯材料为硬铝, 尺寸为 $\phi 20mm$ 的长棒料, 生产类型为单件小批量。请同学们分成若干小组并选出小组长, 每组 3～4 人, 在老师的指导下, 利用车间现有的条件, 以小组工作的形式完成任务。

项目任务及要求

按图纸 C2 的要求加工阶梯轴。

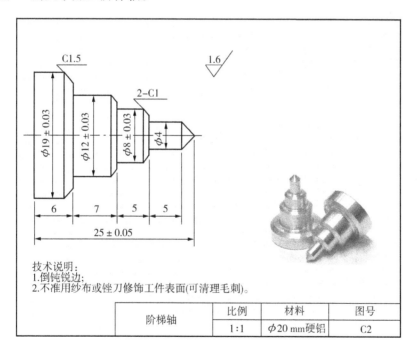

技术说明:
1.倒钝锐边;
2.不准用纱布或锉刀修饰工件表面(可清理毛刺)。

阶梯轴	比例	材料	图号
	1:1	$\phi 20\,mm$硬铝	C2

学习目标

知识目标: 了解阶梯轴的特点。

读懂阶梯轴零件图, 准备相关加工工艺。

掌握 G00、G01 指令的运用。

数控车操作与编程项目教程

技能目标：掌握数控车床阶梯轴的加工方法、加工工艺。
　　　　　掌握阶梯轴的编程方法、检测方法。
情感目标：培养小组合作精神和安全文明生产职业素养。

项目实施过程

想一想

1. 阶梯轴有什么特点？
2. 要完成这项目需要哪些刀具、量具？
3. 加工图 C2 的工艺方法是什么？
4. 怎样装夹毛坯和安装刀具？
5. 加工本项目要用到什么编程指令？如何编写加工程序？
6. 如何测量和控制尺寸精度？
7. 你认为主要难点和注意事项分别是什么？

做一做

根据图纸 C2 的要求加工阶梯轴。

1. 图纸 C2 分析

图纸分析（如表2-1所示）。

表2-1　C2 图纸分析表

分析项目	分析内容
标题栏信息	阶梯轴、硬铝、$\phi 20$ mm 的长棒料
零件形体	外形有四级外圆阶梯及倒角，大小分别为$\phi 4$mm、$\phi 8$mm、$\phi 12$mm、$\phi 19$mm 和 C1、C1.5 的倒角
零件的公差	$\phi 8$ $\phi 12$ $\phi 19$ 处为 0.06，总长 25mm 处为 0.1
表面粗糙度	$Ra = 1.6$
其他技术要求	锐边倒钝、不准用纱布或锉刀修饰工件表面（可清理毛刺）

2. 刀具选用

刀具选用如表2-2所示。

表2-2 刀具选用表

刀号	T01	T02	T03
类型	粗车外圆刀 (副偏角15°)	精车外圆刀 (副偏角55°)	切断刀 (刀宽3 mm)
形状			

3. 量具选用

(1)游标卡尺(详见附录)。

(2)外径千分尺(详见附录)。

4. 填写工序卡(仅供参考,可按照实际讨论修改)

在接受阶梯轴零件加工任务时,应先分析图纸尺寸精度、特征及要求,选择恰当的材料、刀具和量具后,再制定加工工序卡,如表2-3所示。

表2-3 项目二工序卡

阶梯轴零件加工				零件图号	零件名称	材料	日期
				C2	阶梯轴	硬铝	
车间	使用设备	设备使用情况		程序编号		操作者	
数控车间实训中心	数控车床 GSK980TD	正常		自定			
工步号	工步内容	刀具号	刀具规格	主轴转速 r/min	进给量 mm/min	背吃刀量 mm	
1	装夹零件毛坯,伸出卡盘长度35mm,车右端面	T01	副偏角15°	600	手摇	1	
2	粗加工ϕ19mm外圆,留0.3余量	T01	副偏角15°	600	100	1	
3	粗加工ϕ12mm外圆,留0.3余量	T01	副偏角15°	600	100	1	
4	粗加工ϕ8mm外圆,留0.3余量	T01	副偏角15°	600	100	1	
5	粗加工ϕ4mm外圆,留0.3余量	T01	副偏角15°	600	100	1	
6	精加工ϕ19mm、ϕ12mm、ϕ8mm、ϕ4mm外圆至尺寸要求	T02	副偏角55°	800	35	0.3	
7	切断零件,总长留0.5mm	T03	刀宽3mm	450	20	3	
8	零件掉头,装夹ϕ12mm位置,加工零件总长至尺寸要求	T01	副偏角15°	600	手摇	0.5	
编制	审核		批准		共 页	第 页	

备注:合理选择该零件工件坐标原点,确定走刀路线,根据该零件的加工要求编制程序清单,并完成相应卡片的填写。

5. 确定阶梯轴零件的节点坐标(仅供参考)

确定阶梯轴零件的节点坐标,如图 2-1 所示。

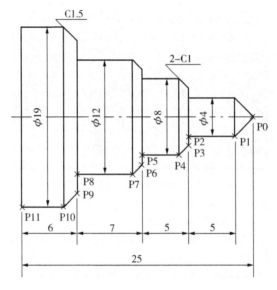

图 2-1　阶梯轴零件节点坐标图

零件的节点坐标:

P0(0, 0)　P1(4, -2)　P2(4, -7)　P3(6, -7)　P4(8, -8)　P5(8, -12)
P6(10, -12)　P7(12, -13)　P8(12, -19)　P9(16, -19)　P10(19, -20.5)　P11
(19, -25)

6. 编写阶梯轴的加工程序(仅供参考)

运用 G00 及 G01 指令编写阶梯轴的数控车削加工程序,如表 2-4 所示。

表 2-4　阶梯轴零件加工程序

数控加工程序清单			零件图号	零件名称
姓名	班级	成绩	C2	阶梯轴

序　号	程　　序	说　明
N0010	M03　S600	主轴正转,转速 600 r/min
N0020	T0101	1 号粗加工刀
N0030	G00 X21 Z2	粗加工 ϕ 19mn,背吃刀量约 1mm,留 0.3 余量,进给 100
N0040	X19.3	
N0050	G01 Z-30 F100	

数控加工程序清单		零件图号	零件名称
N0060	G00 X21 Z2		
N0070	X17		
N0080	G01 Z－18.7		
N0090	G00 X21 Z2		
N0100	X15		
N0120	G01 Z－18.7	粗加工φ12mm，背吃刀量约1mm，留0.3余量，进给100	
N0130	G00 X21 Z2		
N0140	X13		
N0150	G01 Z－18.7		
N0160	G00 X21 Z2		
N0170	X12.3		
N0180	G01 Z－18.7		
N0190	G00 X21 Z2		
N0200	X10		
N0210	G01 Z－11.5	粗加工φ8mm，背吃刀量约1mm，留0.3余量，进给100	
N0220	G00 X21 Z2		
N0230	X8.3		
N0240	G01 Z－11.5		
N0250	G00 X21 Z2		
N0260	X6		
N0270	G01 Z－6.7	粗加工φ4mm，背吃刀量约1mm，留0.3余量，进给100	
N0280	G00 X21 Z2		
N0290	X4.3		
N0300	G01 Z－6.7		
N0310	G00 X21 Z2		
N0320	X2	粗加工φ4mm尖角，背吃刀量约1mm，进给100	
N0330	G01		
N0340	X4.3 Z－2		
N0350	G00 X100 Z100	安全位置	
N0360	T0202 M03 S800	2号精加工刀，正转800r/min	

续表 2 - 4

数控加工程序清单		零件图号	零件名称
N0370	G00 X21 Z2		
N0380	X0		
N0390	G01 Z0 F35		
N0400	X4 Z - 2		
N0410	Z - 7		
N0420	X6	精加工 ϕ 19mm、ϕ 12mm、ϕ 8mm、ϕ 4mm 外圆、倒角，转速 800，进给 35	
N0430	X8 Z - 8		
N0440	Z - 12		
N0450	X10		
N0460	X12 Z - 13		
N0470	Z - 19		
N0480	X16		
N0490	X19 Z - 20.5		
N0500	Z - 30		
N0510	G00 X100 Z100	安全位置	
N0520	T0303 M03 S450	3 号切断刀，正速 450r/min	
N0530	G00 X21 Z - 28.5	定位，留 0.5 余量	
N0540	G01 X0 F20	切断	
N0550	G00 X100	回安全位置	
N0560	Z100		
N0570	M05	主轴停，程序结束，状态复位	
N0580	M30		

项目检查与评价

 **写一写**

填写项目实训报告，如表2-5所示。

表2-5 实训报告表

项目名称					实训课时	
姓名		班级		学号	日期	
学习过程	(1)实训过程中是否遵守安全文明操作？ (2)在加工的时候，遇到的难题是什么？你觉得要注意什么？ (3)简要写下完成本项目的加工过程					
心得体会	(1)通过本项目学习，你学到了什么？ (2)工件做出来的效果如何？有哪些不足，需要改进的地方是哪里？获得什么经验？					

 评一评

检查评价表，如表2-6所示(完成任务后，大家来评一评，看谁做得好)。

表2-6 检查评价表

序号	检测的项目	分值	自我测试		小组长测试		老师测试	
			结果	得分	结果	得分	结果	得分
1	外圆$\phi(19\pm0.03)$mm	10						
2	外圆$\phi12(\pm0.03)$mm	10						
3	外圆$\phi(8\pm0.03)$mm	10						
4	外圆$\phi4$mm	10						
5	C1.5	10						
6	2×C1 倒角	10						
7	总长25±0.05	10						
8	Ra1.6	10						
9	车床保养，工刃量具摆放	10						
10	安全操作情况	10						
	合计	100						
	本项目总成绩 (= 自评30% + 小组长评30% + 教师评40%)							

指令知识加油站

读一读

一、学习 G00、G01 指令

1. 快速定位指令 G00

快速定位指令 G00 是模态指令，使刀具以点位控制方式，以数控系统预先设定的最大进给速度，从刀具当前所在点快速移动到目标点。

格式：G00　X(U)＿　Z(W)＿

说明：

①指令后的参数 X(U)，Z(W) 是目标点的坐标；

②X，Z：采用绝对值编程时，终点的坐标值；

③U，W：采用增量值编程时，刀具的终点相对起点的移动距离。

注意：

①在使用 G00 快速定位指令时，其实际的运动路径并不是一条直线，而是一条折线，如图 2 - 2 所示。特别要注意只能与工件或者夹具发生干涉，以免发生撞刀事故；

②使用快速定位指令 G00 时，进给量对它没有影响，其速度不能由地址 F 中规定，是数控系统预先设定的，但可通过倍率来调整。使用该指令只能用于工件外定位，不能进行数控切削加工，以免造成安全事故。

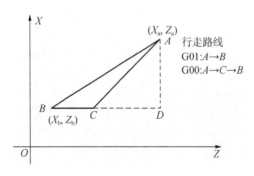

图 2 - 2　点、线控制图例

在图 2 - 2 中刀具从 A 到 B 的 G00 编程如下：

绝对值编程：G00 X_b Z_b；

增量值编程：G00 U($X_b - X_a$)W($Z_b - Z_a$)；

【例 2 - 1】如图 2 - 3 所示，车外圆前，用 G00 将刀具由起点 A 快速定位到终点 B。试运用以上所讲公式。

解：点 A 坐标(80，20)、点 B 坐标(32，2)；

绝对值编程：G00 X 32.0 Z 2.0；

增量值编程：G00 U －48.0 W －18.0。

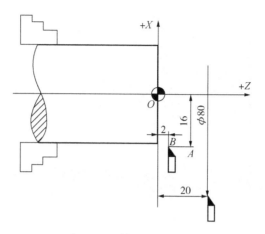

图 2-3　快速定位指令

2. 直线插补指令 G01

该指令为模态指令，使刀具以指令中 F 指定的进给速度沿直线移动到指定的位置（图 2-4），F 所指定的速度一直都有效，直到被新的指定值代替。在编程时，如果是同一进给速度，不需要每个程序段都指定 F 值。

指令格式：G01　X(U)＿　Z(W)＿　F＿

说明：(1)X，Z：采用绝对值编程时，终点的坐标值；

(2)U，W：采用增量值编程时，刀具的终点相对起点的移动距离；

(3)F 是进给速度，有两种表示方法：t 为每分钟进给量（mm/min）；i 为每转进给量（mm/r）；通过 G98 指令选择每分钟进给，G99 选择每转进给量，系统默认为每转进给。

注意：F 指令也是模态指令，可以用 G00 指令取消。如在 G01 程序段前或 G01 程序中都没有指定 F 值，则进给速度为 0，车床不做运动，并且数控系统会显示报警。

【例 2-2】如图 2-4 所示的工件已经进行了粗加工，试用 G01 指令对其轮廓进行精加工。

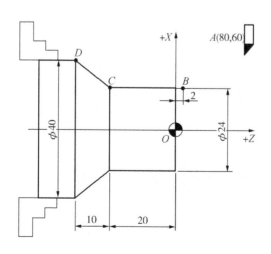

图 2-4　G01 指令加工示例

解：

(1)工件零点为右端面中心，换刀点 $A(80，60)$；

(2)确定刀具工艺路线。刀具从起点 A(换刀点)出发，加工结束后再回到 A 点，走刀路线为：$A \rightarrow B \rightarrow C \rightarrow D \rightarrow A$；

(3)计算刀尖运动轨迹坐标值。各结点绝对坐标值为：

$A(80，60)$、$B(24，2)$、$C(24，-20)$、$D(40，-30)$；

(4)程序如表 2-7 所示。

表 2-7　G01 车削轮廓程序

绝对值编程	解　释	增量值编程
O3010	程序号	O3010
N10 G98；	设定为每分钟进给	N10 G98
N20 G00 X80 Z60 M08；	快速定位到起刀点 A，冷却液开	N20 G00 X80 Z60 M08；
N30 M03 S1200；	主轴正转，转速 1200r/min	N30 M03 S1200；
N40 T0101；	换 1 号外圆车刀，导入刀补	N40 T0101；
N50 X24 Z2；	快速到达 B 点	N50 U-56 W-58；
N60 G01 Z-20 F80；	从 B 点以 80mm/min 直线插补到 C 点	N60 G01 W-22 F80；
N70 X40 Z-30；	从 C 点以 80mm/min 直线插补到 D 点	N70 U16 W-10；
N80 G00 X80 Z60；	快速定位回 A 点	N80 U40 W90；
N90 M30；	程序结束	N90 M30；

项目三
圆锥轴零件车削加工

◢◤ 项目引入 ◢◤

现在我校某合作企业急需一小批圆锥轴类零件(零件尺寸 C3 图纸所示),40 件。现将订单委托我校数控车间协助解决,该零件要使用数控车床加工。已知毛坯材料为硬铝,尺寸为 $\phi 35$ mm 的长棒料,生产类型为单件小批量。同学们分成若干小组并选出小组长,每组 3 ~ 4 人,在老师的指导下,利用车间现有的条件,以小组工作的形式完成任务。

◢◤ 项目任务及要求 ◢◤

按图纸 C3 的要求加工圆锥轴。

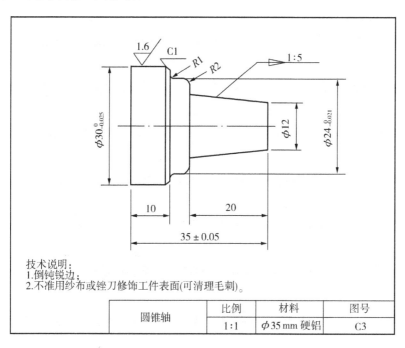

技术说明:
1.倒钝锐边;
2.不准用纱布或锉刀修饰工件表面(可清理毛刺)。

圆锥轴	比例	材料	图号
	1:1	$\phi 35$ mm 硬铝	C3

◢◤ 学习目标 ◢◤

知识目标:了解圆锥轴的特点。

读懂圆锥轴零件图,准备相关加工工艺。

掌握 G02、G03、G90 指令的运用。

数控车操作与编程项目教程

技能目标： 掌握数控车床圆锥轴的加工方法、加工工艺。

掌握圆锥轴的锥度计算、编程方法、检测方法。

情感目标： 培养小组合作精神和安全文明生产职业素养。

项目实施过程

想一想

1. 圆锥轴有什么特点？
2. 要完成这项目需要哪些刀具、量具？
3. 加工图 C3 的工艺方法是什么？
4. 怎样装夹毛坯和安装刀具？
5. 加工本项目要用到什么编程指令？如何编写加工程序？
6. 如何测量和控制尺寸精度？
7. 你认为主要难点和注意事项是什么？

做一做

根据图纸 C3 的要求加工圆锥轴。

1. 图纸 C3 分析

图纸分析(如表 3 - 1 所示)。

表 3 - 1　C3 图纸分析表

分析项目	分析内容
标题栏信息	圆锥轴、硬铝、ϕ 35 mm 的长棒料
零件形体	外形有 ϕ 12mm、1:5 锥度、R2、ϕ 24mm、R1、C1、ϕ 30mm 的外轮廓
零件的公差	ϕ 24mm 处为 0.021、ϕ 30mm 处为 0.025、总长 ϕ 35mm 处为 0.1
表面粗糙度	Ra = 1.6
其他技术要求	锐边倒钝、不准用纱布或锉刀修饰工件表面(可清理毛刺)

2. 刀具选用

刀具选用如表 3 – 2 所示。

表 3 – 2　刀具选用表

刀号	T01	T02	T03
类型	粗车外圆刀 （副偏角 15°）	精车外圆刀 （副偏角 55°）	切断刀 （刀宽 3 mm）
形状			

3. 量具选用

（1）游标卡尺（详见附录）。

（2）外径千分尺（详见附录）。

4. 填写工序卡（仅供参考，可按照实际讨论修改）

在接受圆锥轴零件加工任务时，应先分析图纸尺寸精度、特征及要求，选择恰当的材料、刀具和量具后，再制定加工工序卡，如表 3 – 3 所示。

表 3 – 3　项目三工序卡

圆锥轴零件加工			零件图号	零件名称	材料	日期
			C3	圆锥轴	硬铝	
车间	使用设备	设备使用情况	程序编号		操作者	
数控车间实训中心	数控车床 GSK980TD	正常	自定			

工步号	工步内容	刀具号	刀具规格	主轴转速 （r/min）	进给量 （mm/min）	背吃刀量 （mm）
1	装夹零件毛坯，伸出卡盘长度 45 mm，车右端面	T01	副偏角 15°	600	手摇	1
2	粗加工 ϕ 30mm 外圆，留 0.3 余量	T01	副偏角 15°	600	100	1
3	粗加工 ϕ 24mm 外圆，留 0.3 余量	T01	副偏角 15°	600	100	1
4	粗加工 1:5 圆锥，留 0.3 余量	T01	副偏角 15°	600	100	1

数
控
车
操
作
与
编
程
项
目
教
程

工步号	工步内容	刀具号	刀具规格	主轴转速（r/min）	进给量（mm/min）	背吃刀量（mm）
5	粗加工ϕ 30mm、ϕ 24mm、1:5 圆锥外圆至尺寸要求	T02	副偏角55°	800	35	0.3
6	切断零件，总长留0.5 mm	T03	刀宽3 mm	450	20	3
7	零件掉头，装夹ϕ30mm 位置，加工零件总长至尺寸要求	T01	副偏角15°	600	手摇	0.5
编制		审核		批准	共　页	第　页

备注：合理选择该零件工件坐标原点，确定走刀路线，根据该零件的加工要求编制程序清单，并完成相应卡片的填写。

5. 确定圆锥轴零件的节点坐标(仅供参考)

确定圆锥轴零件的节点坐标，如图3－1所示。

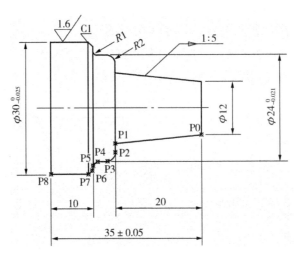

图3－1　圆锥轴零件节点坐标图

零件的节点坐标：

P0(12，0)　P1(16，-20)　P2(20，-20)　P3(24，-22)　P4(24，-24)　P5(26，-25)　P6(28，-25)　P7(30，-26)　P8(30，-35)

6. 编写圆锥轴零件的加工程序(仅供参考)

运用G02、G03及G90指令编写圆锥轴零件的数控车削加工程序，如表3－4所示。

表3-4 圆锥轴零件加工程序

数控加工程序清单			零件图号	零件名称
姓名	班级	成绩	C3	圆锥轴
序　号	程　序		说　明	
N0010	M03 S600		主轴正转，转速600r/min	
N0020	T0101		1号粗加工刀	
N0030	G00 X36 Z2		粗加工φ30mm外圆，背吃刀量约1mm，留0.3余量，进给100	
N0040	G90 X34 Z-39 F100			
N0050	X32			
N0060	X30.3			
N0070	G00 X36 Z2		粗加工φ24mm外圆，背吃刀量约1mm，留0.3余量，进给100	
N0080	G90 X28 Z-24.7			
N0090	X26			
N0100	X24.3			
N0120	G00 X36 Z1		粗加工1:5圆锥外圆，背吃刀量约1mm，留0.3余量，进给100	
N0130	G90 X22 Z-19.7			
N0140	X20			
N0150	X18			
N0160	X16.3			
N0170	X16.3 Z-19.7 R-1			
N0180	R-2			
N0190	G00 X100 Z100		安全位置	
N0200	T0202 M03 S800		2号精加工刀，正转800r/min	
N0210	G00 X36 Z2		精加工φ30mm、φ24mm、1:5圆锥外圆、转速800，进给35	
N0220	X12			
N0230	G01 Z0 F35			
N0240	X16 Z-20			
N0250	X20			
N0260	G03 X24 Z-22 R2			
N0270	G01 Z-24			
N0280	G02 X26 Z-25 R1			
N0290	G01 X28			
N0300	X30 Z-26			
N0310	G01 Z-39			
N0320	G00 X100 Z100		安全位置	

续表 3 - 4

序　　号	程　　　序	说　　明
N0330	T0303 M03 S450	3 号切断刀，正速 450
N0340	G00 X37 Z - 38.5	定位，留 0.5 余量
N0350	G01 X0 F20	切断
N0360	G00 X100	回安全位置
N0370	Z100	
N0380	M05	主轴停，程序结束，状态复位
N0390	M30	

项目检查与评价

写一写

填写项目实训报告，如表 3 - 5 所示。

表 3 - 5　实训报告表

项目名称					实训课时	
姓名		班级		学号	日期	
学习过程	(1)实训过程中是否遵守安全文明操作？ (2)在加工的时候，遇到的难题是什么？你觉得要注意什么？ (3)简要写下完成本项目的加工过程。					
心得体会	1. 通过本项目学习，你学到了什么？ 　2. 工件做出来的效果如何？有哪些不足，需要改进的地方是哪里？获得什么经验？					

评一评

检查评价表，如表3-6所示(完成任务后，大家来评一评，看谁做得好)。

表3-6 检查评价表

序号	检测的项目	分值	自我测试		小组长测试		老师测试	
			结果	得分	结果	得分	结果	得分
1	外圆$\phi(30_{-0.025}^{0})$mm	10						
2	外圆$\phi(24_{-0.021}^{0})$mm	10						
3	$R1$	10						
4	$R2$	10						
5	1:5 锥度	15						
6	C1 倒角	5						
7	总长(35 ± 0.05)mm	10						
8	Ra 1.6	10						
9	车床保养，工刀量具摆放	10						
10	安全操作情况	10						
	合计	100						
	本项目总成绩 (= 自评30% + 小组长评30% + 教师评40%)							

🔺 指令知识加油站 🔺

 **读一读**

一、 学习 G02、 G03、 G90 指令

1. 圆弧插补指令 G02、G03

指令格式：$\begin{Bmatrix} G02 \\ X(U)\_ \\ G03 \end{Bmatrix} Z(W)\_ \begin{Bmatrix} I\_ & K\_ \\ R\_ \end{Bmatrix} F\_$

说明：① X , Z—采用绝对值编程时，终点的坐标值；

② U, W—采用增量值编程时，刀具的终点相对起点的移动距离；

③ I—圆弧起点到圆心的 X 轴的距离，带正负号，其值为零时可以省略；

④ K—圆弧起点到圆心的 Z 轴的距离，带正负号，其值为零时可以省略；

⑤ R—圆弧半径，圆心角小于等于180°时 R 为正，大于180°时为负，描述整圆时不能用 R，只能用 I 和 K 指定。当用 R 指定中心角接近180°的圆弧时，中心坐标的计算会产

生误差，这时候可以用 I 和 K 指定圆弧中心；

⑥ F—圆弧插补中的进给速度，圆弧的切线进给速度被控制为指定的进给速度；

⑦ G02—顺时针方向圆弧插补；

⑧ G03—逆时针方向圆弧插补。

根据不同的刀架位置，G02、G03 的圆弧方向有所改变如图 3-2 所示，在实际加工中，我们一般都是用前置刀架加工，那么如何选用 G02、G03 进行加工，我们所需要的圆弧呢？如表 3-7 所示。

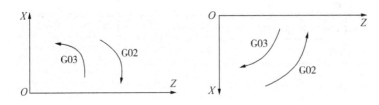

图 3-2　圆弧的方向

表 3-7　圆弧方向根据坐标系不同而改变

前置刀架	后置刀架
顺圆 G03（CW）	顺圆 G02（CW）
逆圆 G02（CCW）	逆圆 G03（CCW）

【例 3-1】试编写图 3-3 所示圆弧 AB、BC 的程序。

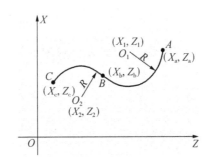

图 3-3　圆弧的控制

解：

① 设已给定 F 值为 f

② 圆弧 AB 的编程计算方法如下：

绝对值编程：G90 G02 X X_b Z Z_b R R_1 F f（R 编程）

或　　　　G90 G02 X X_b Z Z_b I($X_1 - X_a$)/2 K($Z_1 - Z_a$)F f

增量值编程：G91 G02 X($X_b - X_a$)Z($Z_b - Z_a$)R R$_1$ F f

或　　　　G91 G02 X($X_b - X_a$)Z($Z_b - Z_a$)I($X_1 - X_a$)/2 K($Z_1 - Z_a$)F f。

③ 圆弧 BC 的编程计算方法如下：

绝对值编程：G90 G03 X X$_c$ Z Z$_c$ R R$_2$ Ff（R 编程）

或 G90 G03 XX$_c$ Z Z$_c$ I($X_2 - X_b$)/2 K($Z_2 - Z_b$)Ff。

增量值编程：G91 G03 X($X_c - X_b$)Z($Z_c - Z_b$)R R$_2$ Ff

或 G91 G03 X($X_c - X_b$)Z($Z_c - Z_b$)I($X_2 - X_b$)/2 K($Z_2 - Z_b$)Ff。

【例3-2】试编写图3-4所示圆弧段的程序。

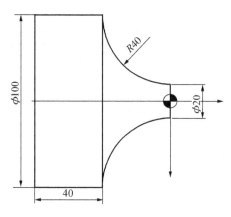

图 3-4 圆弧加工示例

解：①绝对值编程：G02 X100 Z-40 I40 K0 F0.2

或 G02 X100 Z-40 R50 F0.2

②增量值编程：G02 W80 U-40 I40 K0 F0.2

或 G02 W80 U-40 R50 F0.2

2. 内外径切削循环指令 G90

（1）圆柱面内外径切削循环

指令格式：G90 X(U)_ Z(W)_ F_

说明：①如图3-5所示，执行该指令刀具刀尖从循环起点开始，经1→2→3→4四段轨迹，其中1、4段按快速R移动；2、3段按指令速度F移动。

②X、Z值在绝对指令时为切削终点的坐标值，在增量指令时，U、W为切削终点相对循环起点的移动距离。

③F为进给速度。

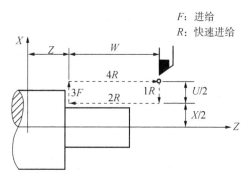

图 3-5 直线切削循环

数
控
车
操
作
与
编
程
项
目
教
程

【例3－3】应用圆柱内外径切削循环指令加工工件，如图3－6所示。

解： 程序见表3－8。

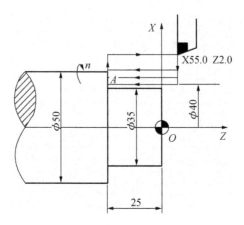

图3－6　圆柱内外径切削循环示例

表3－8　圆柱内外径切削循环程序

绝对值编程	解　释	增量值编程
O3050	程序号	O3050
N10 T0101；	换一号刀	N10 T0101；
N20 M03 S1000；	主轴正转，转速1000r/min	N20 M03 S1000；
N30 G00 X55 Z2；	快速定位到循环起点	N30 G00 X55 Z2；
N40 G90 X45 Z－25 F0.2；	切削循环（第一刀）	N40 G90 U－10 W－27 F0.2；
N50 X40；	第二刀	N50 U－5；
N60 X35；	切削到尺寸要求	N60 U－5；
N70 G00 X200 Z100；	快速返回换刀位置	N70 G00 X200 Z100；
N80 M05；	主轴停转	N80 M05；
N90 M30；	程序结束	N90 M30；

（2）带锥度的内外径切削循环

指令格式：G90 X_　Z_　R_　F_

说明：

①如图 3 - 7 所示，刀具刀尖从循环起点开始，经 1→2→3→4 四段轨迹；

②X、Z 值在绝对指令时为切削终点的坐标值，在增量指令时，U、W 为切削终点相对循环起点的移动距离；

③R 值为切削始点与切削终点的半径差，即 R 始 - R 终。当算术值为正时，R 取正值；为负时，R 取负值。即 $R = (D_1 - D_2)/2$，当 $D_1 < D_2$ 时（正锥），R 为负值；当 $D_1 > D_2$ 时（反锥），R 为正值（R 的正负判断如图 3 - 8 所示）；

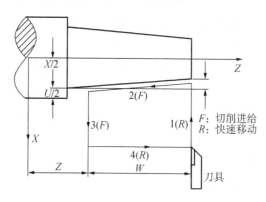

图 3 - 7　带锥度内外径切削循环

④F 为进给速度。

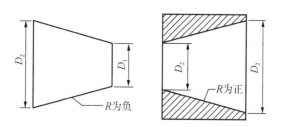

图 3 - 8　R 值的正负判断

【例 3 - 4】试编写如图 3 - 9 所示工件外锥面的加工程序。

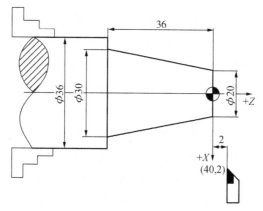

图 3 - 9　工件外锥面切削循环示例

解：（1）R＝（20－30）／2＝－5，起刀点（40，2）；

（2）直径方向 3 次切削，每次 2 mm；

（3）程序如表 3－9 所示。

表 3－9　锥度内外径切削循环程序

绝对值编程	解　　释	增量值编程
O3060	程序号	O3060
…		…
G00 X40 Z2；	快速定位到起刀点	G00 X40 Z2；
G90 X34 Z－36 R－5 F0.3；	切削循环（第一刀）	G90 U－6 W－38 R－5 F0.3；
X32；	第二刀	U－8；
X30；	第三刀	U－10；
G00 X100 Z100；	快速返回换刀位置	G00 X100 Z100；
…		…

项目四
复杂外轮廓零件车削加工

项目引入

　　为提高同学的学习兴趣，现在提供一个子弹零件图(零件尺寸 C4 图纸所示)，每位同学加工一件。由于该零件外轮廓比较复杂，选择使用数控车床加工。已知毛坯材料为硬铝，尺寸为 ϕ12mm 的长棒料，生产类型为单件小批量。同学们分成若干小组并选出小组长，每组 3～4 人，在老师的指导下，利用车间现有的条件，以小组工作的形式完成任务。

项目任务及要求

　　按图纸 C4 的要求加工复杂外轮廓零件(子弹图)。

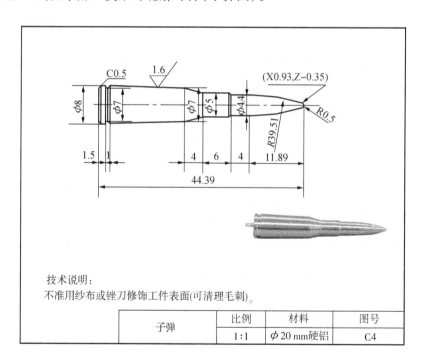

技术说明：
不准用纱布或锉刀修饰工件表面(可清理毛刺)。

子弹	比例	材料	图号
	1:1	ϕ20 mm硬铝	C4

学习目标

知识目标：了解复杂外轮廓零件(子弹图)的特点。

　　　　　　读懂复杂外轮廓零件(子弹图)，准备相关加工工艺。

掌握 G02、G03、G71 指令的运用。

技能目标： 掌握数控车床复杂外轮廓零件(子弹图)的加工方法、加工工艺。

掌握复杂外轮廓零件(子弹图)的编程方法、检测方法。

情感目标： 培养小组合作精神和安全文明生产职业素养。

▨▨ 项目实施过程 ▨▨

想一想

1. 该子弹外轮廓有什么特点？

2. 要完成这项目需要哪些刀具、量具？

3. 加工图 C4 的工艺方法是什么？

4. 怎样装夹毛坯和安装刀具？

5. 加工本项目要用到什么编程指令？如何编写加工程序？

6. 如何测量和控制尺寸精度？

7. 你认为主要难点和注意事项是什么？

做一做

根据图纸 C4 的要求加工子弹。

1. 图纸 C4 分析

图纸分析(如表4 – 1 所示)。

表4 – 1　C4 图纸分析表

分析项目	分析内容
标题栏信息	复杂外轮廓零件、硬铝、ϕ 12 mm 的长棒料
零件形体	外形是一个子弹形状，由圆弧和若干外圆组成
零件的公差	粗公差(不带公差)
表面粗糙度	$Ra = 1.6$
其他技术要求	不准用纱布或锉刀修饰工件表面(可清理毛刺)

2. 刀具选用

刀具选用如表4 – 2所示。

表4-2 刀具选用表

刀号	T01	T02
类型	外圆车刀 （副偏角55°）	切断刀 （刀宽3 mm）
形状		

3. 量具选用

（1）游标卡尺（详见附录）。

（2）外径千分尺（详见附录），精度要求不高时，可以不选用。

4. 填写工序卡（仅供参考，可按照实际讨论修改）

在接受复杂外轮廓零件（子弹）任务时，应先分析图纸尺寸精度、特征及要求，选择恰当的材料和刀具、量具后，再制定加工工艺卡，如表4-3所示。

表4-3 项目四工序卡

复杂外轮廓零件（子弹）			零件图号	零件名称	材料	日期
			C4	子弹	硬铝	
车间	使用设备	设备使用情况	程序编号		操作者	
数控车间实训中心	数控车床 GSK980TD	正常	自定			
工步号	工步内容		刀具号	刀具规格	主轴转速 （r/min）	进给量 （mm/min）	背吃刀量 （mm）
1	装夹零件毛坯，伸出卡盘长度60 mm，车右端面		T01	副偏角55°	600	手摇	0.3
2	粗加工子弹外轮廓，$R0.5$、$R39.51$、$\phi 4.4mm$、$\phi 5mm$、$\phi 7mm$、倒角槽、$\phi 8mm$、$C0.5$，留0.3余量		T01	副偏角55°	600	100	0.8
3	精加工子弹外轮廓，$R0.5$、$R39.51$、$\phi 4.4mm$、$\phi 5mm$、$\phi 7mm$、倒角槽、$\phi 8mm$、$C0.5$，至尺寸要求		T01	副偏角55°	800	45	0.3
4	切断零件，留0.5余量		T02	刀宽3 mm	450	手摇	3
5	零件掉头，装夹$\phi 5$位置，加工零件总长至尺寸要求		T01	副偏角55°	600	手摇	0.5
编制		审核		批准		共 页 第 页

备注：合理选择该零件工件坐标原点，确定走刀路线，根据该零件的加工要求编制程序清单，并完成相应卡片的填写。

数
控
车
操
作
与
编
程
项
目
教
程

5. 确定复杂外轮廓零件的节点坐标(仅供参考)

节点坐标图如图 4－1 所示。

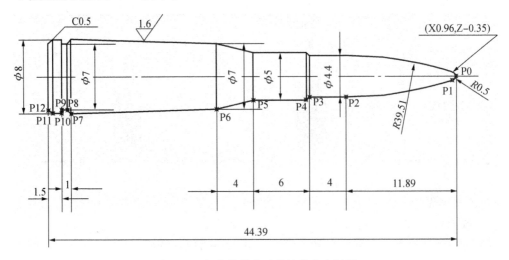

图 4－1　复杂外轮廓零件的节点坐标图

零件的节点坐标：

P0(0，0)　P1(0.96，－0.35)　P2(4.4，－11.89)　P3(4.4，－15.89)　P4(5，－16.19)　P5(5，－21.89)　P6(7，－25.89)　P7(8，－41.89)　P8(7，－42.39)　P9(7，－42.89)　P10(8，－42.89)　P11(8，－43.89)　P12(7，－44.39)

6. 编写复杂外轮廓零件的加工程序(仅供参考)

运用 G02、G03 及 G71 指令编写复杂外轮廓零件图的数控车削加工程序，如表 4－4 所示。

表 4－4　复杂外轮廓零件加工程序

数控加工程序清单			零件图号	零件名称
姓名	班级	成绩	C4	子弹零件
序　号	程　序		说　明	
N0010	M03 S600		主轴正转，转速 600 r/min	
N0020	T0101		1 号外圆车刀	
N0030	G00 X13 Z2		靠近工件	
N0040	G71 U0.8 R0.8		粗加工子弹外轮廓，R0.5、R39.51、ϕ4.4mm、ϕ5mm、ϕ7mm、倒角槽、ϕ8mm、C0.5，背吃刀量0.8mm，留0.3余量，进给100	
N0050	G71 P60 Q210 U0.3 W0.3 F100			

序　号	程　　序	说　　明
N0060	G00 X0	
N0070	G01 Z0 F35	
N0080	G03 X0.96 Z - 0.35 R0.5	
N0090	X4.4 Z - 11.89 R39.51	
N0100	G01 Z - 15.89	
N0120	X5 Z - 16.19	
N0130	Z - 21.89	子弹外轮廓，R0.5、R39.51、ϕ 4.4mm、ϕ5mm、ϕ7mm、倒角槽、ϕ8mm、C0.5 的精加工轮廓
N0140	X7 Z - 25.89	
N0150	X8 Z - 41.89	
N0160	X7 Z - 42.39	
N0170	Z - 42.89	
N0180	X8	
N0190	Z - 43.89	
N0200	X7 Z - 44.39	
N0210	G01 Z - 50	
N0220	G00 X100 Z100	安全位置
N0230	T0101 M03 S800	修改刀补，正转 800r/min
N0240	G00 X13 Z2	靠近工件
N0250	G70 P60 Q210	精加工子弹外轮廓，R0.5、R39.51、ϕ4.4mm、ϕ5mm、ϕ7mm、倒角槽、ϕ8mm、C0.5 外形
N0260	G00 X100	回安全位置
N0270	Z100	
N0280	M05	主轴，停程序结束，状态复位
N0290	M30	

数控车操作与编程项目教程

项目检查与评价

 写一写

填写项目实训报告，如表4-5所示。

表4-5 实训报告表

项目名称				实训课时	
姓名		班级		学号		日期	
学习过程	(1)实训过程中是否遵守安全文明操作？ (2)在加工的时候，遇到的难题是什么？你觉得要注意什么？ (3)简要写下完成本项目的加工过程。				
心得体会	(1)通过本项目学习，你学到了什么？ (2)工件做出来的效果如何？有哪些不足，需要改进的地方是哪里？获得什么经验？				

 评一评

检查评价表，如表4-6所示(完成任务后，大家来评一评，看谁做得好)。

表4-6 检查评价表

序 号	检测的项目	分值	自我测试		小组长测试		老师测试	
			结果	得分	结果	得分	结果	得分
1	$R0.5$	10						
2	$R39.51$	10						
3	外圆$\phi 4.4mm$	10						
4	倒角槽$\phi 7mm$	10						
5	外圆$\phi 8mm$	10						
6	C0.5倒角	10						
7	总长44.39mm	10						
8	$Ra1.6$	10						
9	车床保养，工刃量具摆放	10						
10	安全操作情况	10						
	合计	100						
本项目总成绩 (=自评30%+小组长评30%+教师评40%)								

指令知识加油站

 **读一读**

一、学习 G70、G71 指令

1. 精加工指令 G70

用于 G71、G72、G73 粗车削加工后的精加工。

格式：G70 P(ns)Q(nf)

说明：① ns—精加工轮廓程序段中第一段程序段号；

② nf—精加工轮廓程序段中最后一段程序段号。

2. 外径/内径粗车复合循环指令 G71（如图 4 – 2）

用于多次 Z 轴向走刀进行圆钢坯料的粗加工，为精加工做好准备。

格式：G00 X(α)Z(β)

G71 U(Δd)R(e)

G71 P(ns)Q(nf)U(Δu)W(Δw)F(f)S(s)T(t)

N(ns)…

…沿 A A'B 的程序段号

N(nf)…

说明：① α、β：粗车循环起刀点位置坐标。α 值确定切削的起始直径。α 值在圆柱毛坯料粗车外径时，应比毛坯直径稍大 1～2mm；β 值应离毛坯右端面 2～3mm。在圆筒毛坯粗镗内孔时，α 值应比内孔径稍小 1～2mm，β 值应离毛坯右端面 2～3mm；

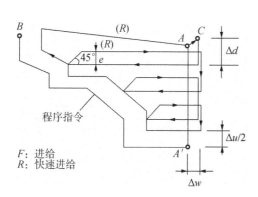

图 4 – 2　外径/内径粗车复合循环

② Δd：切削循环过程中径向的背吃刀量，半径值，无符号，其方向由 A A'决定，模态指令，单位为 mm。

③ e：切削循环过程中径向的退刀量，半径值，模态指令，单位为 mm。

④ ns：精加工轮廓程序段中第一个程序段的段号；nf：精加工轮廓程序段中最后一个程序段的段号；

⑤ Δu：X 轴向的精加工余量，直径值（半径值），有正负之分（表示方向），单位 mm。在圆筒毛坯料粗镗内径时，应指定为负值。

⑥ Δw：Z 轴向的精加工余量，有正负之分（表示方向），单位为 mm。

⑦ f、s、t：F、S、T 代码。

注意：

① Δu、Δw 精加工余量的正负判断，如图 4-3；

② 在 ns→nf 程序段中的 F、S、T 功能无效，当执行 G70 精加工指令时有效，恒线速无效，无法进行子程序调用；

③ 零件轮廓 AB 必须符合 X 轴、Z 轴方向，同时单调增大或单调减少；

④ ns 段程序可以含有 G00、G01 指令，但不可含有 Z 轴方向运动指令；

⑤ 起刀点 A 与退刀点 B 必须平行。

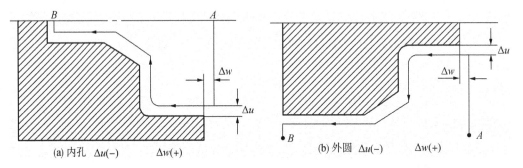

图 4-3 Δu、Δw 精加工余量的正负判断

【例 4-1】编写图 4-4 所示工件的粗车循环加工程序。

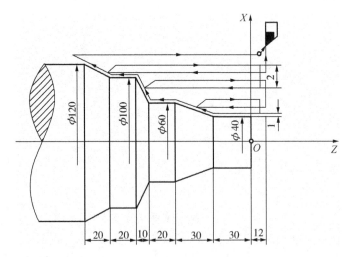

图 4-4 外径/内径粗车复合循环指令示例

解：①设循环起点坐标(121，10)；

②程序如表 4-7 所示。

表4-7 外径/内径粗车复合循环程序

程　　序	解　　释
O3090	程序号
N10 T0101 M03 S450；	换1号刀，主轴正转，转速450r/min
N20 G42 G00 X121 Z10 M08；	刀尖左补偿，快速定位到循环起点，冷却液开
N30 G71 U2 R0.5；	外圆粗车复合循环
N40 G71 P50 Q110 U2 W2 F0.2；	
N50 G00 X40；	ns 第一段不允许有 Z 轴方向的定位
N60 G01 Z-30；	
N70 X60 Z-60；	
N80 Z-80；	
N90 X100 Z-90；	
N100 Z-110；	
N110 X120 Z-130；	nf 最后一段
N120 G00 G40 X200 Z140 M09；	快速返回换刀位置，刀尖补偿取消，冷却液关
N130 M05；	主轴停转
N140 M30；	程序结束

项目五

切槽与外螺纹零件车削加工

项目引入

现在我校某合作企业急需一小批切槽与外螺纹零件(零件尺寸 C5 图纸所示)，40 件。现将订单委托我校数控车间协助解决，该零件要使用数控车床加工。已知毛坯材料为硬铝，尺寸为 φ50 mm 的长棒料，生产类型为单件小批量。同学们分成若干小组并选出小组长，每组 3～4 人，在老师的指导下，利用车间现有的条件，以小组工作的形式完成任务。

项目任务及要求

按图纸 C5 的要求加工切槽与外螺纹零件。

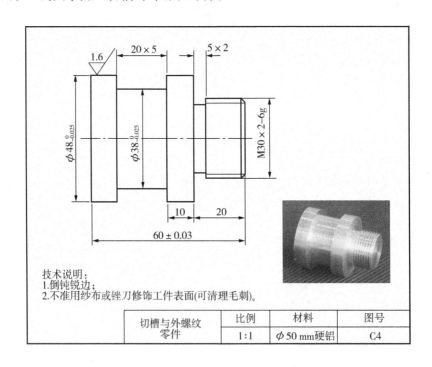

技术说明：
1. 倒钝锐边；
2. 不准用纱布或锉刀修饰工件表面(可清理毛刺)。

切槽与外螺纹 零件	比例	材料	图号
	1:1	φ50 mm硬铝	C4

学习目标

知识目标：了解阶梯切槽与外螺纹零件的特点。

读懂切槽与外螺纹零件图，准备相关加工工艺。

掌握 G94、G92 指令的运用。

技能目标：掌握数控车床切槽与外螺纹零件的加工方法、加工工艺。

掌握切槽与外螺纹零件的编程方法、检测方法。

情感目标：培养小组合作精神和安全文明生产职业素养。

项目实施过程

想一想

1. 切槽与外螺纹零件有什么特点？

2. 要完成这项目需要哪些刀具、量具？

3. 加工图 C5 的工艺方法是什么？

4. 怎样装夹毛坯和安装刀具？

5. 加工本项目要用到什么编程指令？如何编写加工程序？

6. 如何测量和控制尺寸精度？

7. 你认为主要难点和注意事项是什么？

做一做

根据图纸 C5 的要求切槽与外螺纹零件加工。

1. 图纸 C5 分析

图纸分析(如表 5-1 所示)。

表 5-1　C5 图纸分析表

分析项目	分析内容
标题栏信息	切槽与外螺纹零件、硬铝、ϕ50 mm 的长棒料
零件形体	外形有 ϕ48mm 的外圆、ϕ38mm 的外槽和 ϕ26mm 的退刀槽、M30×2-6g 的外螺纹
零件的公差	ϕ48mm 和 ϕ38mm 外圆处为 0.025，长度 60mm 处为 0.06
表面粗糙度	$Ra = 1.6$
其他技术要求	锐边倒钝、不准用纱布或锉刀修饰工件表面(可清理毛刺)

2. 刀具选用

刀具选用如表 5-2 所示。

表 5-2　刀具选用表

刀号	T01	T02	T03	T04
类型	粗车外圆刀 （副偏角 15°）	精车外圆刀 （副偏角 55°）	切断刀 （刀宽 3mm）	外螺纹刀 （刀尖 60°）
形状				

3. 量具选用

（1）游标卡尺（详见附录）。

（2）外径千分尺（详见附录）。

4. 填写工序卡（仅供参考，可按照实际讨论修改）

在接受切槽与外螺纹零件加工任务时，应先分析图纸尺寸精度、特征及要求，选择恰当的材料、刀具和量具后，再制定加工工序卡，如表 5-3 所示。

表 5-3　项目五工序卡

切槽与外螺纹零件加工		零件图号	零件名称	材料	日期
		C5	切槽与外螺纹零件	硬铝	

车间	使用设备	设备使用情况	程序编号	操作者
数控车间实训中心	数控车床 GSK980TD	正常	自定	

工步号	工步内容	刀具号	刀具规格	主轴转速 （r/min）	进给量 （mm/min）	背吃刀量 （mm）
1	装夹零件毛坯，伸出卡盘长度约 70 mm，车右端面	T01	副偏角 15°	600	手摇	0.5
2	粗加工 ϕ48mm 外圆、M30×2 螺纹大径，留 0.3 余量	T01	副偏角 15°	600	100	1
3	精加工 ϕ48mm 外圆、M30×2 螺纹大径至尺寸要求	T02	副偏角 55°	800	35	0.3
4	切槽 5×2	T03	刀宽 3mm	450	35	3
5	切槽 ϕ38mm 外圆，20×5 位置	T03	刀宽 3mm	450	35	3 或 2

工步号	工步内容	刀具号	刀具规格	主轴转速（r/min）	进给量（mm/min）	背吃刀量（mm）
6	加工螺纹 M30 × 2	T04	刀尖角 60°	450	螺距 2mm/r	粗 0.3、精 0.1
7	切断零件，总长留 0.5mm	T03	刀宽 3mm	450	20	3
8	零件掉头，装夹 ϕ 12mm 位置，加工零件总长至尺寸要求	T01	副偏角 15°	600	手摇	0.5
编制		审核		批准	共 页	第 页

备注：合理选择该零件工件坐标原点，确定走刀路线，根据该零件的加工要求编制程序清单，并完成相应卡片的填写。

5. 确定切槽与外螺纹零件的节点坐标（仅供参考）

零件节点坐标图，如图 5 – 1 所示。

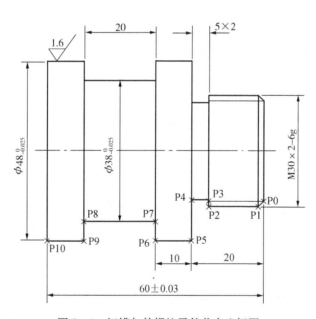

图 5 – 1 切槽与外螺纹零件节点坐标图

零件的节点坐标：

P0(27, 0)　P1(29.8, −1.5)　P2(29.8, −15)　P3(26, −15)　P4(26, −20)
P5(48, −20)　P6(48, −30)　P7(38, −30)　P8(38, −50)　P9(48, −50)　P10(48, −60)

6. 编写切槽与外螺纹零件的加工程序（仅供参考）

运用 G94 及 G92 指令编写切槽与外螺纹零件图的数控车削加工程序，如表 5 – 4 所示。

表 5 – 4　切槽与外螺纹零件加工程序

数控加工程序清单			零件图号	零件名称
姓名	班级	成绩	C5	切槽与外螺纹零件

序　号	程　序	说　明
N0010	M03 S600	主轴正转，转速 600r/min
N0020	T0101	1 号粗加工刀
N0030	G00 X51 Z2	靠近工件
N0040	G71 U1 R1	粗加工 ϕ 48mm 和 M30 ×2 螺纹外形，背吃刀量约 1 mm，留 0.3 余量，进给 100
N0050	G71 P60 Q120 U0.3 W0.3 F100	
N0060	G00 X27	加工 ϕ 48mm 和 M30 ×2 螺纹外形的精加工轮廓
N0070	G01 Z0 F35	
N0080	X29.8 Z – 1.5	
N0090	Z – 20	
N0100	X48	
N0120	G01 Z – 65	
N0130	G00 X100 Z100	安全位置
N0140	T0202 M03 S800	换精加工刀，正转 800r/min
N0150	G00 X51 Z2	靠近工件
N0160	G70 P60 Q120	精加工 ϕ 48mm 和 M30 ×2 螺纹外形
N0170	G00 X100 Z100	安全位置
N0180	T0303 M03 S450	换切槽刀，正转 450r/min
N0190	G00 X51 Z – 20	靠近工件切槽位置
N0200	G94 X26.3 Z – 20 F35	加工 5 ×2 退刀槽
N0210	Z – 18	
N0220	G00 X51 Z – 33	定位，靠近工件切槽位置

序　号	程　序	说　明
N0230	G94 X38.3 Z−33	
N0240	Z−35	
N0250	Z−37	
N0260	Z−39	
N0270	Z−41	加工 ϕ 38mm 外圆 20×5 的槽
N0280	Z−43	
N0290	Z−45	
N0300	Z−47	
N0310	Z−49	
N0320	X38 Z−50	
N0330	G00 X100 Z100	安全位置
N0340	T0404 M03 S450	换外螺纹刀，正转 450r/min
N0350	G00 X32 Z2	定位，靠近工件螺纹位置
N0360	G92 X29.6 Z−16 F2	
N0370	X29.3	
N0380	X29	
N0390	X28.7	
N0400	X28.4	
N0410	X28.1	M30×2 的螺纹加工
N0420	X27.8	
N0430	X27.5	
N0440	X27.4	
N0450	X27.4	
N0460	G00 X100 Z100	安全位置
N0470	T0303 M03 S450	3 号切断刀，正转 450 r/min
N0480	G00 X51 Z−60.5	定位，留 0.5 余量
N0490	G94 X0 F20	切断
N0500	G00 X100	回安全位置
N0510	Z100	
N0520	M05	主轴停，程序结束，状态复位
N0530	M30	

 项目检查与评价 ◀◀

 写一写

填写项目实训报告，如表5-5所示。

表5-5 实训报告表

项目名称					实训课时	
姓名		班级		学号	日期	
学习过程	(1)实训过程中是否遵守安全文明操作？ (2)在加工的时候，遇到的难题是什么？你觉得要注意什么？ (3)简要写下完成本项目的加工过程。					
心得体会	(1)通过本项目学习，你学到了什么？ (2)工件做出来的效果如何？有哪些不足，需要改进的地方是哪里？获得什么经验？					

评一评

检查评价表，如表5-6所示（完成任务后，大家来评一评，看谁做得好）。

表5-6 检查评价表

序号	检测的项目	分值	自我测试		小组长测试		老师测试	
			结果	得分	结果	得分	结果	得分
1	外圆$\phi48\pm0.025$	10						
2	外圆$\phi38\pm0.025$	10						
3	20×5 槽	15						
4	5×2 退刀槽	10						
5	M30×2-6g 螺纹	15						
6	长度 10mm	5						
7	总长 60 ± 0.03mm	10						
8	Ra 1.6	5						
9	车床保养，工刃量具摆放	10						
10	安全操作情况	10						
	合计	100						
	本项目总成绩 （=自评30%+小组长评30%+教师评40%）							

指令知识加油站

 **读一读**

一、 学习 G94、 G32、 G92、 G76 指令

1. 端面切削循环指令 G94

（1）平台阶切削循环（端面切削）

格式：G94 X(U)_ Z(W)_ F_

说明：①如图 5-2 所示，执行该命令时，刀具刀尖从循环始点开始，经 1→2→3→4 四段轨迹，其中 1、4 段按快速 R 移动，2、3 段按指令速度 F 移动；

②X、Z 值在绝对指令时为切削终点的坐标值，在增量指令时为切削终点相对于环起点的移动距离；

③F 为进给速度。

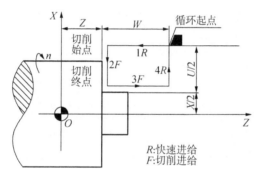

图 5-2 端面切削循环

【例 5-1】试用端面循环指令编写图 5-3 所示工件的加工程序。

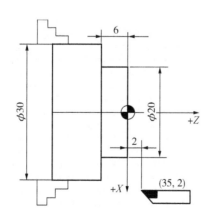

图 5-3 端面切削循环示例

解：

①起刀点（循环起点）的坐标为（35，2）；

②分三次切削每次 Z 轴向进给 2mm；

③程序如表 5 - 7 所示。

表 5 - 7　端面切削循环程序

绝对值编程	解　释	增量值编程
O3070	程序号	O3070
…		…
G00 X35.0 Z2.0；	快速到达起刀点	G00 X35.0 Z2.0；
G94 X20.0 Z - 2.0 F0.2；	端面循环切削（第一刀）	G94 U - 15.0 W - 4.0 F0.2；
Z - 4.0；	第二刀	Z - 6.0；
Z - 6.0；	第三刀	Z - 8.0；
G00 X100.0 Z100.0；	快速返回换刀位置	G00 X100.0 Z100.0；
…		…

（2）锥台阶切削循环（带锥度的端面切削）

指令格式：G94 X_　Z_　R_　F_

说明：

①如图 5 - 4 所示，执行该命令时，刀具刀尖从循环始点开始，经 1→2→3→4 四段轨迹，其中 1、4 段按快速 R 移动，2、3 段按指令速度 F 移动；

②X、Z 值在绝对指令时为切削终点的坐标值，在增量指令时为切削终点相对于循环起点的移动距离；

③R 值为切削始点相对于切削终点在 Z 轴向的移动距离，当起始点 Z 轴向坐标小于终点 Z 轴向坐标时 R 为负值，反之为正值；

④F 为进给速度。

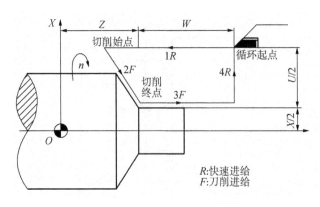

图 5 - 4　带锥度的端面切削

【例 5 - 2】试编写如图 5 - 5 所示工件的锥度端面循环加工程序。

解:

①循环起点(45，2)；

②分四次切削，每次 Z 轴向进给 2mm；

③程序见表 5 - 8。

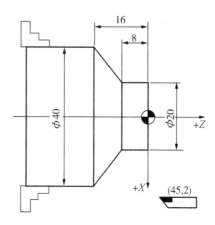

图 5 - 5　带锥度的端面切削示例

表 5 - 8　带锥度的端面切削程序

绝对值编程	解　　释	增量值编程
O3080	程序号	O3080
…		…
G00 X45 Z2;	快速定位到循环起点	G00 X45 Z2;
G94 X20 Z - 2 R8 F0.3;	切削循环(第一刀)	G94 U - 25 W - 4 R8 F0.3;
Z - 4;	第二刀	W - 6;
Z - 6;	第三刀	W - 8;
Z - 8;	切削到尺寸要求(第四刀)	W - 10;
G00 X100 Z100;	快速返回换刀位置	G00 X100 Z100;
…		…

2. 单段螺纹加工指令 G32

格式：G32 X(U) _ Z(W) _ F(E) _

指令说明：

① F - 公制螺纹导程；

② E - 英制螺纹导程；

③ X(U)、Z(W) - 螺纹切削的终点坐标值；

④ 起点和终点的 X 坐标值相同时为直螺纹车削；

⑤ X省略时为圆柱螺纹车削，Z省略时为端面螺纹车削，X、Z均不省略时为锥螺纹车削；

⑥ 从粗车到精车用同一轨迹进行螺纹的车削，此时主轴转速要保持一致，避免因主轴转速改变带来的螺纹导程上的误差。在螺纹车削方式下，移动速率控制和主轴速率控制功能将被忽略。

加工螺纹时需注意：

（1）主轴转速不应过高，尤其是大导程螺纹，一般推荐的最高转速为：主轴转速（r/min）≤1200/导程80；

（2）保证在Z轴方向有足够的空切削量，一般情况下：切入空刀量≥2倍导程，切出空刀量≥0.5倍导程；

（3）螺纹切削应注意在两端设置足够的升速进刀段δ_1和降速退刀段δ_2；

（4）当螺纹背吃刀深度较大时，可以采用多次分层切削。

【例5-3】用G32指令编写如图5-6所示螺纹部分的加工程序。

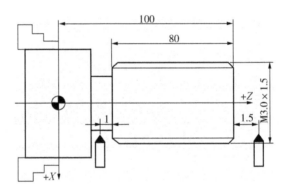

图5-6 等距圆柱螺纹加工示例

解：

①螺纹导程为1.5mm，$\delta_1 = 1.5$mm，$\delta_2 = 1$mm，每次吃刀量（直径值）分别为：0.8 mm、0.6 mm、0.4 mm、0.16 mm；

②程序如表5-9所示。

表5-9 等距圆柱螺纹加工程序

程 序	解 释
O3020	程序号
N10 G50 X50 Z120;	设立坐标系，定义对刀点的位置
N20 M03 S300;	主轴以300r/min旋转
N30 G00 X29.2 Z101.5;	到螺纹起点，升速段1.5mm，吃刀深0.8mm
N40 G32 Z19 F1.5;	切削螺纹到螺纹切削终点，降速段1mm
N50 G00 X40;	X轴方向快退
N60 Z101.5;	Z轴方向快退到螺纹起点处
N70 X28.6;	X轴方向快进到螺纹起点处，吃刀深0.6mm
N80 G32 Z19 F1.5;	切削螺纹到螺纹切削终点

程　　序	解　　释
N90 G00 X40；	X 轴方向快退
N100 Z101.5；	Z 轴方向快退到螺纹起点处
N110 X28.2；	X 轴方向快进到螺纹起点处，吃刀深 0.4mm
N120 G32 Z19 F1.5；	切削螺纹到螺纹切削终点
N130 G00 X40；	X 轴方向快退
N140 Z101.5；	Z 轴方向快退到螺纹起点处
N150 U － 11.96；	X 轴方向快进到螺纹起点处，吃刀深 0.16mm
N160 G32 W － 82.5 F1.5；	切削螺纹到螺纹切削终点
N170 G00 X40；	X 轴方向快退
N180 X50 Z120；	回对刀点
N190 M05；	主轴停
N200 M30；	主程序结束并复位

【**例 5 - 4**】如图 5 - 7 所示等距圆锥螺纹，螺纹导程为 3.5mm，$\delta_1 = 2mm$，$\delta_2 = 1mm$，每次吃刀量为 1 mm，写出其加工程序。

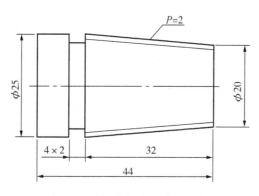

图 5 - 7　等距圆锥螺纹加工示例

解：程序如表 5 - 10 所示。

表 5 - 10　等距圆锥螺纹加工程序

程　　序	解　　释
O3030	程序名
N10 G40 G97 G99 S400 M03；	主轴正转，转速为 400r/min
N20 T0404；	螺纹刀 T04
N30 M08；	切削液开
N40 G00 X27 Z3；	螺纹加工的起点
N50 X18.6；	进第一刀，切深 0.9mm
N60 G32 X24.4 Z － 34 F2；	螺纹车削第一刀，螺距为 2mm

续表 5 – 10

N70 G00 X27;	X 向退刀
N80 Z3;	Z 向退刀
N90 X18;	进第二刀，切深 0.6mm
N100 G32 X23.8 Z – 34 F2;	螺纹车削第一刀，螺距为 2mm
N110 G00 X27;	X 向退刀
N120 Z3;	Z 向退刀
N130 X17.4;	进第三刀，切深 0.6mm
N140 G32 X23.2 Z – 34 F2;	螺纹车削第一刀，螺距为 2mm
N150 G00 X27;	X 向退刀
N160 Z3;	Z 向退刀
N170 X17;	进第四刀，切深 0.4mm
N180 G32 X22.8 Z – 34 F2;	螺纹车削第一刀，螺距为 2mm
N190 G00 X27;	X 向退刀
N200 Z3;	Z 向退刀
N210 X16.9;	进第五刀，切深 0.1mm
N220 G32 X22.7 Z – 34 F2;	螺纹车削第一刀，螺距为 2mm
N230 G00 X27;	X 向退刀
N240 Z3;	Z 向退刀
N250 X16.9;	光刀，切深为 0mm
N260 G32 X22.7 Z – 34 F2;	光刀，螺距为 2mm
N270 G00 X200;	X 向退刀
N280 Z100;	Z 向退刀，回换刀点
N285 M5;	主轴停
N290 M30;	程序结束

3. 螺纹切削单一固定循环 G92

螺纹循环指令把切削螺纹的"快速进刀 – 螺纹车削 – 快速退刀 – 返回起点"四步动作为一个循环，能在螺纹切削结束时进行螺纹退尾倒角，可在没有退刀槽的情况下进行螺纹的切削。

（1）直螺纹切削循环

指令格式：G92　X(U)＿　Z(W)＿　F＿

说明：

①X、Z 表示螺纹的终点坐标，U、W 表示螺纹终点相对于循环起点的移动量；

②F 表示螺纹导程；

③如图 5-8 所示，指令执行时，刀具路径为 1→2→3→4，其中 1、3、4(R)快速移动，2(螺纹切削段)为按指定的指令速度移动；

④在使用 G92 前，只将刀具放置在一个合理的起点位置，此时刀具的 X 轴向处于退刀位置，指令执行时系统会自动将刀具定位到指定的切深位置。

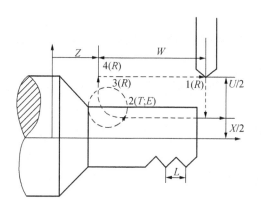

图 5-8　螺纹切削循环示例

【例 5-5】试用 G92 指令编写如图 5-9 所示圆柱螺纹的加工程序。

解：①螺纹导程 P=1.5mm，起点坐标为(35，104)如图 5-9 所示；

②程序如表 5-11 所示。

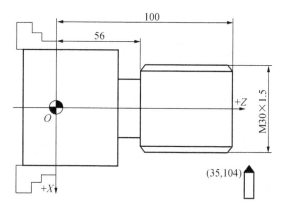

图 5-9　螺纹切削循环示例

表 5-10　螺纹切削循环加工程序

程　　序	解　　释
O3040	程序号
……	……
G00 X35 Z104 ;	快速到达起刀点
G92 X29.2 Z53 F1.5 ;	建立螺纹切削循环(第一刀)
X28.6 ;	第二刀

续表 5 – 10

程　　序	解　　释
X28.2；	第三刀
X28.04；	切削到尺寸要求（第四刀）
G00 X200 Z200；	快速返回换刀点
……	

（2）锥螺纹切削循环

指令格式：G92 X(U)_ Z(W)_ R_ F_ ；

说明：

① X、Z 表示螺纹的终点坐标，U、W 表示螺纹终点相对于循环起点的移动量；

② F_ 表示螺纹导程；

③ R_ 表示螺纹半径差，即螺纹的切削起始点与螺纹切削终点的半径差，如图 5 – 10 所示。

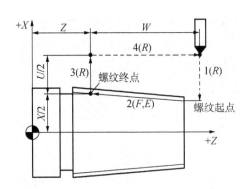

图 5 – 10　锥螺纹切削循环

【例 5 –6】试编写如图 5 – 11 所示的锥螺纹程序，螺纹导程为 1.5。

解：程序如表 5 – 12 所示。

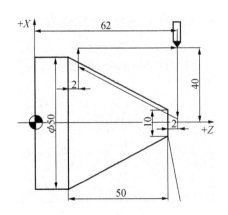

图 5 – 11　锥螺纹切削循环示例

表 5 - 12　锥螺纹加工程序

程　　序	解　　释
O3050	程序号
……	……
G00 X80 Z62;	快速定位到循环起点
G92 X49. 2 Z12 R - 20 F1. 5;	螺纹切削循环(第一刀)
X48. 6;	第二刀
X48. 2;	第三刀
X47. 04;	切削到尺寸要求(第三刀)
G00 X200 Z200;	快速返回换刀位置
……	

4. 螺纹切削复合循环指令 G76

指令格式:

G00 X(α)Z(β)

G76 P(m)(r)(a)Q(Δdmin)R(d)

G76 X(u)Z(w)R(i)P(k)Q(Δd)F(L)

说明:

① α、β:螺纹切削循环起始点坐标。X 向,在切削外螺纹时,应比螺纹大径稍大 1 ~ 2mm;在切削内螺纹时,应比螺纹小径稍小 1 ~ 2mm。在 Z 向必须考虑空刀导入量。

② m:精加工重复次数(1 ~ 99)本指定是状态指定,在另一个值指定前不会改变。FANUC 系统参数(No. 5142)指定。

③ r:倒角量,螺纹收尾长度,其值为螺纹导程 L 的倍数(在 0 ~ 99 中选值,取 01 则退 0. 11X 导程)。本指定是状态指定,在另一个值指定前不会改变。FANUC 系统参数(No. 5130)指定。

④ a:刀尖角度(螺纹牙型角),可选择 80°、60°、55°、30°、29°、0°,用 2 位数指定。本指定是状态指定,在另一个值指定前不会改变。FANUC 系统参数(No. 5143)指定。如:P(02/m、12/r、60/a)。

⑤ Δdmin:最小切削深度,半径值,单位 μm。本指定是状态指定,在另一个值指定前不会改变。FANUC 系统参数(No. 5140)指定。

⑥ d:精加工余量,半径值,单位 μm,在另一个值指定前不会改变,有参数(No. 5141)指定。

⑦ u:螺纹底径值(外螺纹为小径值,内螺纹为大径值),直径值,单位 mm。

⑧ w:螺纹的 Z 向终点位置坐标,必须考虑空刀导出量。

⑨ i:螺纹部分的半径差,含义与 G92 的 R 相同,如果 $i = 0$,可作一般直线螺纹切削。

⑩ k:螺纹高度,可按 $h = 649.5P$ 进行计算,半径值,单位为 μm。

⑪ Δd：第一次的切削深度，半径值，单位为 μm。

⑫ L：螺纹导程，单位为 mm。

注意：

拥有 X(u)、Z(w) 的 G76 指令段才能实现循环加工。该循环下，可进行单边切削，减少刀尖受力。第一次切削深度为 Δd，第 n 次切削深度为 Δ$d\sqrt{n}$，使每次切削循环的切削量保持恒定，如图 5-12、图 5-13 所示。

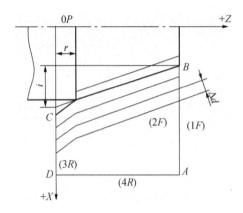

图 5-12 螺纹切削循环轨迹

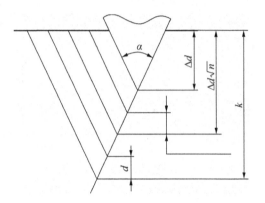

图 5-13 螺纹切削时的吃刀深度

【例5-7】试编写图 5-14 所示圆柱螺纹的加工程序，导程为 6mm。

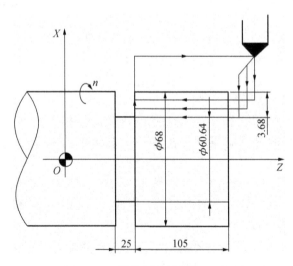

图 5-14 螺纹复合循环加工示例

解：G76 P 010060 Q200 R0.1；

G76 X60.64 Z23 R0 P3680 Q1800 F6；

比较 G32、G92、G76 三个螺纹加工指令。G32 编程比较复杂程序段较长；G76 虽然程序简单，但是需要设定的参数比较多；一般我们在加工螺纹时用得比较多的是 G92 指令。在螺纹加工时要注意采用分层加工，避免吃刀量过大带来的影响，常用螺纹的进给次数与背吃刀量选择如表 5-13、表 5-14 所示。

表5－13　常用螺纹的切削次数与背吃刀量　　　　　　单位：mm

公制螺纹							
螺距	1	1.5	2	2.5	3	3.5	4
牙深（半径值）	0.649	0.974	1.299	1.624	1.949	2.273	2.598
切削次数及吃刀量（直径值）　第一刀	0.7	0.8	0.9	1.0	1.2	1.5	1.5
第二刀	0.4	0.6	0.6	0.7	0.7	0.7	0.8
第三刀	0.2	0.4	0.6	0.6	0.6	0.6	0.6
第四刀		0.16	0.4	0.4	0.4	0.6	0.6
第五刀			0.1	0.4	0.4	0.4	0.4
第六刀				0.15	0.4	0.4	0.4
第七刀					0.2	0.2	0.4
第八刀						0.15	0.3
第九刀							0.2

表5－14　常用英制螺纹的切削次数与背吃刀量　　　　　　单位：mm

牙/in	24	18	16	14	12	10	8
牙深（半径值）	0.678	0.904	1.016	1.162	1.355	1.626	2.033
切削次数及吃刀量（直径值）　第一刀	0.8	0.8	0.8	0.8	0.9	1.0	1.2
第二刀	0.4	0.6	0.6	0.6	0.6	0.7	0.7
第三刀	0.16	0.3	0.5	0.5	0.6	0.6	0.6
第四刀		0.11	0.14	0.3	0.4	0.4	0.5
第五刀				0.13	0.21	0.4	0.5
第六刀						0.16	0.4
第七刀							0.17

项目六

二次装夹零件的车削加工

现在我校某合作企业急需一小批零件(零件尺寸 C6 图纸所示),40 件。现将订单委托我校数控车间协助解决,该零件要使用数控车床加工。已知毛坯材料为硬铝,尺寸为$\phi 35 \times 63mm$ 的棒料,生产类型为单件小批量。同学们分成若干小组并选出小组长,每组3～4人,在老师的指导下,利用车间现有的条件,以小组工作的形式完成任务。

■ 项目任务及要求 ■

按图纸 C6 的要求完成二次装夹零件。

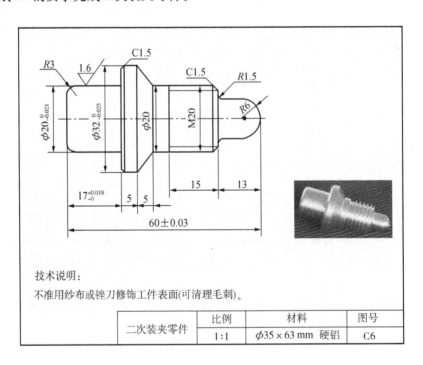

技术说明:

不准用纱布或锉刀修饰工件表面(可清理毛刺)。

二次装夹零件	比例	材料	图号
	1:1	$\phi 35 \times 63\,mm$ 硬铝	C6

■ 学习目标 ■

知识目标: 了解二次装夹零件的特点。

读懂二次装夹零件图。

分析二次装夹相关加工工艺。

技能目标: 掌握数控车床二次装夹零件的加工方法、二次装夹零件的方法。

掌握二次装夹零件的编程方法、检测方法。

情感目标: 培养小组合作精神和安全文明生产职业素养。

◤◤◤ 项目实施过程 ◢◢◢

想一想

1. 二次装夹零件有什么特点?

2. 要完成这项目需要哪些刀具、量具?

3. 加工图 C6 的工艺、方法是什么?

4. 怎样装夹毛坯和安装刀具?

5. 加工本项目要用到什么编程指令?如何编写加工程序?

6. 如何测量和控制尺寸精度?

7. 你认为主要难点和注意事项是什么?

做一做

根据图纸 C6 的要求加工二次装夹零件。

1. 图纸 C6 分析

图纸分析(如表 6 - 1 所示)。

表 6 - 1　C6 图纸分析表

分析项目	分析内容
标题栏信息	二次装夹加工零件、硬铝、$\phi 35 \times 63mm$ 的棒料
零件形体	外形有 $\phi 20mm$ 和 $\phi 32mm$ 的外圆、$R3$ 和 $R6$ 的圆角及 $C1.5$ 的倒角、$M20$ 的外螺纹
零件的公差	$\phi 20mm$ 处为 0.021 和 $\phi 32mm$ 外圆为 0.025，长度 60mm 处为 0.06
表面粗糙度	$Ra = 1.6$
其他技术要求	不准用纱布或锉刀修饰工件表面(可清理毛刺)

2. 刀具选用

刀具选用如表 6 - 2 所示。

表 6 - 2　刀具选用表

刀号	T01	T02	T03
类型	粗车外圆刀 （副偏角 15°）	精车外圆刀 （副偏角 55°）	外螺纹刀 （刀尖 60°）
形状			

3. 量具选用

（1）游标卡尺（详见附录）。

（2）外径千分尺（详见附录）。

4. 填写工序卡（仅供参考，可按照实际讨论修改）

在接受阶梯轴零件加工任务时，应先分析图纸尺寸精度、特征及要求，选择恰当的材料、刀具和量具后，再制定加工工序卡。

经图纸分析，根据零件加工要求，该零件需要二次装夹掉头加工。为了方便第二次装夹，首先选择先加工零件的左边外圆轮廓，然后经过二次装夹、校表保证同轴度，再加工右边轮廓，最后加工螺纹。具体工序如表 6 - 3 工序卡所示。

表 6 - 3　项目六工序卡

二次装夹零件加工			零件图号	零件名称	材料	日期
			C6	二次装夹 零件	硬铝	
车间	使用设备	设备使用情况	程序编号		操作者	
数控车间实训中心	数控车床 GSK980TD	正常	自定			
工步号	工步内容	刀具号	刀具规格	主轴转速 （r/min）	进给量 （mm/min）	背吃刀量 （mm）
1	装夹零件毛坯，伸出卡盘长度 30mm，车左端面	T01	副偏角 15°	600	手摇	0.5
2	粗加工左边轮廓，ϕ 20mm、ϕ 32mm 外圆，长度 25，留 0.3 余量	T01	副偏角 15°	600	100	1
3	精加工左边轮廓，ϕ 20mm、ϕ 32mm 外圆至尺寸要求	T02	副偏角 55°	800	30	0.3
4	二次装夹，零件掉头装夹左端 ϕ 20mm 阶梯，打表校正同轴度，车右端面，保证总长 60mm	T01	副偏角 15°	600	手摇	约 0.5

续表 6 - 3

工步号	工步内容	刀具号	刀具规格	主轴转速 （r/min）	进给量 （mm/min）	背吃刀量 （mm）
5	粗加工右边轮廓，R6，ϕ 12mm，M20 大径、ϕ 20mm，ϕ 32mm 外圆，长度 38mm（接口位置），留 0.3 余量	T01	副偏角 15°	600	100	1
6	精加工右边轮廓，R6，ϕ 12mm，M20 大径、ϕ 20mm，ϕ 32mm 外圆至尺寸要求	T02	副偏角 55°	800	30	0.3
7	加工 M20 螺纹	T03	刀尖角 60°	450	螺距 2.5	粗 0.3，精 0.1
编制		审核		批准	共　页	第　页

备注：合理选择该零件工件坐标原点，确定走刀路线，根据该零件的加工要求编制程序清单，并完成相应卡片的填写。

5. 确定二次装夹零件的节点坐标(仅供参考)

确定二次装夹零件的节点坐标，如图 6 - 1、图 6 - 2 所示。

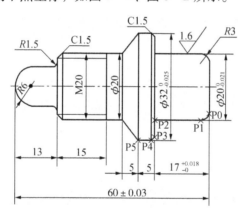

图 6 - 1　二次装夹第一次装夹零件节点坐标图

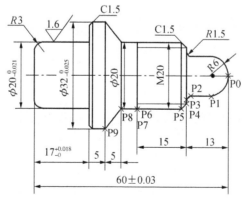

图 6 - 2　二次装夹第二次装夹零件节点坐标图

（1）第一次装夹左端轮廓节点坐标

P0（14，0） P1（20，-3） P2（20，-17） P3（29，-17） P4（32，-18.5）
P5（32，-22）

（2）第二次装夹右端轮廓节点坐标

P0（0，0） P1（12，-6） P2（12，-11.5） P3（15，-13） P4（17，-13）
P5（19.8，-14.5） P6（19.8，-28） P7（20，-28） P8（20，-33） P9（32，-38）

6. 编写二次装夹零件的加工程序（仅供参考）

运用 G71、G92 等指令编写二次装夹零件的数控车削加工程序：

由于需要二次装夹，本项目程序分两部分，一部分为零件的左端轮廓加工程序，另一部分为右端轮廓的加工程序，具体程序如表 6-4、表 6-5 所示。

表 6-4 二次装夹零件左端轮廓加工程序

数控加工程序清单			零件图号	零件名称
姓名	班级	成绩	C6	二次装夹零件 （左端轮廓程序）

序　号	程　　序	说　　明
N0010	M03 S600	主轴正转，转速 600r/min
N0020	T0101	1 号粗加工刀
N0030	G00 X36 Z2	靠近工件
N0040	G71 U1 R1	粗加工左端 ϕ20mm 和 ϕ32mm 外形，背吃刀量 1mm，留 0.3 余量，进给 100
N0050	G71 P60 Q130 U0.3 W0.3 F100	
N0060	G00 X14	左端 ϕ20mm 和 ϕ32mm 外形的精加工轮廓
N0070	G01 Z0 F30	
N0080	G03 X20 Z-3 R3	
N0090	G01 Z-17	
N0100	X29	
N0120	X32 Z-18.5	
N0130	G01 Z-25	
N0140	G00 X100 Z100	安全位置
N0150	T0202 M03 S800	换精加工刀，正转 800r/min
N0160	G00 X36 Z2	靠近工件
N0170	G70 P60 Q130	精加工左端 ϕ20mm 和 ϕ32mm 外形
N0510	G00 X100	回安全位置
N0520	Z100	
N0530	M05	主轴停，程序结束，状态复位
N0540	M30	

表6-5　二次装夹零件右端轮廓加工程序

数控加工程序清单			零件图号	零件名称
姓名	班级	成绩	C6	二次装夹零件 （右端轮廓程序）

序　号	程　　序	说　　明
N0010	M03 S600	主轴正转，转速600r/min
N0020	T0101	1号粗加工刀
N0030	G00 X36 Z2	靠近工件
N0040	G71 U1 R1	粗加工右端$R6$，ϕ 12mm，M20 大径，ϕ 20mm，ϕ 32mm 外圆，背吃刀量1mm，留0.3余量，进给100
N0050	G71 P60 Q170 U0.3 W0.3 F100	
N0060	G00 X0	右端$R6$，ϕ 12mm，M20 大径ϕ 20mm，ϕ 32mm 外圆的精加工轮廓
N0070	G01 Z0 F30	
N0080	G03 X12 Z-6 R6	
N0090	G01 Z-11.5	
N0100	G02 X15 Z-13 R1.5	
N0120	G01 X17	
N0130	X19.8 Z-14.5	
N0140	Z-28	
N0150	X20	
N0160	Z-33	
N0170	G01 X32 Z-38	
N0180	G00 X100 Z100	安全位置
N0190	T0202 M03 S800	换精加工刀，正转800r/min
N0200	G00 X36 Z2	靠近工件
N0210	G70 P60 Q170	精加工右端$R6$，ϕ 12mm，M20 大径，ϕ 20mm，ϕ 32mm 外形
N0220	G00 X100 Z100	安全位置
N0230	T0303 M03 S450	换外螺纹刀，正转450r/min
N0240	G00 X22 Z-11	定位，靠近工件螺纹位置

续表 6－5

序　号	程　　序	说　　明
N0250	G92 X19.5 Z－28 F2.5	M20 的螺纹加工，螺距 2.5
N0260	X19.2	
N0270	X18.9	
N0280	X18.6	
N0290	X18.3	
N0300	X18	
N0310	X17.7	
N0320	X17.4	
N0330	X17.1	
N0340	X16.8	
N0350	X16.75	
N0360	X16.75	
N0370	G00 X100	回安全位置
N0380	Z100	
N0390	M05	主轴停，程序结束，状态复位
N0400	M30	

项目检查与评价

 写一写

填写项目实训报告，如表 6－6 所示。

表 6－6　实训报告表

项目名称						实训课时	
姓名		班级		学号		日期	
学习过程	(1)实训过程中是否遵守安全文明操作？ (2)在加工的时候，遇到的难题是什么？你觉得要注意什么？ (3)简要写下完成本项目的加工过程。						
心得体会	(1)通过本项目学习，你学到了什么？ (2)工件做出来的效果如何？有哪些不足，需要改进的地方是哪里？获得什么经验？						

评一评

检查评价表，如表6-7所示。（完成任务后，大家来评一评，看谁做得好）

表6-7　检查评价表

序号	检测的项目	分值	自我测试		小组长测试		老师测试	
			结果	得分	结果	得分	结果	得分
1	外圆$\phi(20_{-0.021}^{0})$mm	10						
2	外圆$\phi(32_{-0.025}^{0})$mm	10						
3	螺纹 M20	15						
4	$R1.5$、$R3$、$R6$ 圆弧	10						
5	$2\times$C1.5 倒角	10						
6	长度$(17+0.018)$mm	5						
7	总长(60 ± 0.03)mm	10						
8	$Ra1.6$	10						
9	车床保养，工刃量具摆放	10						
10	安全操作情况	10						
	合计	100						
本项目总成绩 （=自评30%+小组长评30%+教师评40%）								

知识加油站

 **读一读**

一、基准

在机械加工领域中，基准一般分为三种：设计基准、定位基准和测量基准。

(1)设计基准：零件图上用以确定其他点、线、面位置的基准。

(2)定位基准：切削过程中，用于确定工件在车床或夹具的正确位置的基准。

(3)测量基准：被加工工件各项精度测量和检测的基准。

二、定位基准的选择

1. 粗基准的选择原则

粗基准的选择基本原则为保证加工精度符合设计图纸的要求，工件安装方便可靠。

(1)选择重要表面为粗基准：为保证工件上重要表面的加工余量小而均匀，则应选择该表面为粗基准。所谓重要表面一般是工件上加工精度以及表面质量要求较高的表面。

（2）选择不加工表面为粗基准：为了保证加工面与不加工面间的位置要求，一般应选择不加工面为粗基准。如果工件上有多个不加工面，则应选其中与加工面位置要求较高的不加工面为粗基准，以便保证精度要求。

（3）选择加工余量最小的表面为粗基准：如果零件上每个表面都要加工，则应选其中加工余量最小的表面为粗基准，以避免该表面在加工时因余量不足而留下部分毛坯面，造成工件废品。

（4）选择平整、光洁、面积大、无飞边毛刺和浇冒口的表面：以便定位准确、夹紧可靠。

（5）粗基准在同一尺寸方向上只能使用一次：因为粗基准本身都是未经机械加工的毛坯面，其表面粗糙且精度低，若重复使用将产生较大的误差。

2. 精基准的选择原则

（1）基准重合原则：为了较容易地获得加工表面对其设计基准的相对位置精度要求，应选择加工表面的设计基准为其定位基准。

（2）基准统一原则：当工件以某一组精基准定位可以比较方便地加工其他表面时，应尽可能在多数工序中采用此组精基准定位。

（3）自为基准原则：当工件精加工或光整加工工序要求余量尽可能小而均匀时，应选择加工表面本身作为定位基准。

（4）互为基准原则：为了获得均匀的加工余量或较高的位置精度，可采用互为基准原则反复加工。

三、 通用夹具

1. 三爪卡盘

三爪卡盘由卡盘体、活动卡爪和卡爪驱动机构组成，常见的有机械式和液压式两种，如图6-3、图6-4所示。三爪卡盘上三个卡爪导向部分的下面，有螺纹与碟形伞齿轮背面的平面螺纹相啮合，当用扳手通过四方孔转动小伞齿轮时，碟形齿轮转动，背面的平面螺纹同时带动三个卡爪向中心靠近或退出，用以夹紧不同直径的工件。用在三个卡爪上换上三个反爪，用来安装直径较大的工件。三爪卡盘最大的优点是可以自动定心，夹持范围大，装夹速度快，但定心精度存在误差，不适于同轴度要求高的工件二次装夹。

图6-3　机械式三爪卡盘

图6-4　液压式三爪卡盘

2. 四爪卡盘

四爪自定心卡盘全称是车床用手动四爪自定心卡盘，是由一个盘体、四个小伞齿、一付卡爪组成。四个小伞齿和盘丝啮合，盘丝的背面有平面螺纹结构，卡爪等分安装在平面螺纹上。当用扳手扳动小伞齿时，盘丝便转动，它背面的平面螺纹就使卡爪同时向中心靠近或退出。因为盘丝上的平面矩形螺纹的螺距相等，所以四爪运动距离相等，有自动定心的作用。四个卡爪是各自独立移动的，正爪和反爪两种形式，如图6-5、图6-6所示，但四爪卡盘的找正繁琐费时。

图6-5　四爪卡盘(正爪)　　　　　　　图6-6　四爪卡盘(反爪)

3. 软爪

软爪用于被加工件以外圆定位时，软爪夹持直径应比工件外圆直径略小，其目的是增加软爪与工件的接触面积，定心精度较高。软爪内径大于工件外径时，会造成软爪与工件形成三点接触，此种情况下夹紧牢固度较差，所以应尽量避免。当软爪内径过小时，会形成软爪与工件的六点接触，不仅会在被加工表面留下压痕，而且软爪接触面也会变形，这在实际使用中都应该尽量避免，如图6-7所示。

4. 芯轴和弹簧芯轴

当工件用已加工过的孔作为定位基准时，可采用芯轴装夹，如图6-8所示。这种装夹方法可以保证工件内外表面的同轴度，适用于批量生产。芯轴的种类很多。常见的芯轴有圆柱芯轴、小锥度芯轴，这类芯轴的定心精度不高。弹簧芯轴(又称涨心芯轴)，既能定心，又能夹紧，是一种定心夹紧装置。

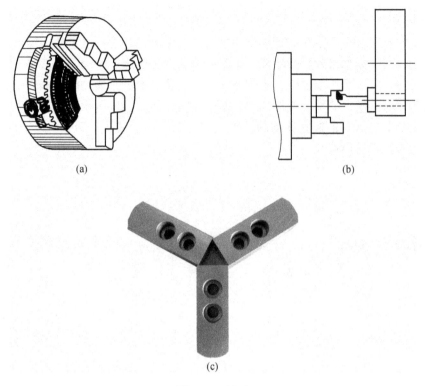

(a)　　　　　　　　　　　　(b)

(c)

图 6 - 7　软爪

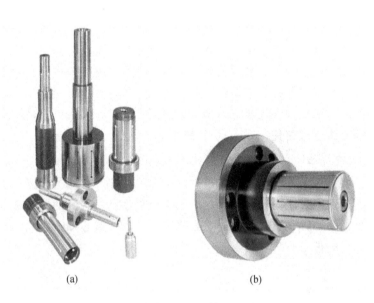

(a)　　　　　　　　　　　　(b)

图 6 - 8　芯轴

四、　装夹方式选择

在数控车削加工中，较短轴类零件的定位方式通常采用一端外圆固定，即用三爪卡盘、四爪卡盘或弹簧套固定工件的外圆表面，如图 6 - 9 所示，此定位方式对工件的悬伸长度有一定限制，工件悬伸过长会使工件在切削中产生变形，增大加工误差。如：工件直径≤30mm，其悬伸长度不应大于直径的3倍；若工件直径≥30mm，其悬伸长度不应大于直径的4倍。

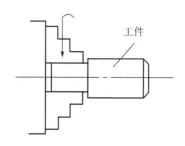

图6-9 一端装夹

对于切削长度较长的轴类零件可以采用一夹一顶的方式，如图6-10所示；或采用两顶针定位的方式，如图6-11所示。在装夹方式允许的条件下，零件的轴向定位面应尽量选择几何精度较高的表面。在顶尖间加工轴类工件时，车削前要调整尾座顶尖轴线与车床主轴轴线重合。使用两顶针装夹工件加工细长轴时，应使用跟刀架或中心架。在加工过程中要注意调整顶针的顶紧力，顶尖和中心架应注意润滑。使用尾座时，套筒尽量伸出短些，以减小振动。

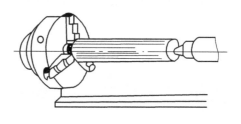

图6-10 一夹一顶方式

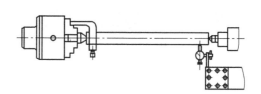

图6-11 两顶针方式

五、 工件的装夹找正

对初装夹后的工件进行找正，一般用划针或百分表找正工件准确位置后再进行夹紧，使得工件坐标系的 Z 轴与数控车床的主轴回转中心轴线重合，如图 6 – 12 所示。

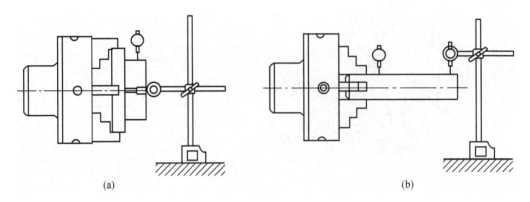

(a)   (b)

图 6 – 12   工件找正

项目七

内孔零件车削加工

▰ 项目引入 ▰

现在我校某合作企业急需一小批内孔零件(零件尺寸 C7 图纸所示)，40 件。现将订单委托我校数控车间协助解决，该零件要使用数控车床加工。已知毛坯材料为硬铝，尺寸为 $\phi 55 \times 40$ mm 的棒料。同学们分成若干小组并选出小组长，每组 3～4 人，在老师的指导下，利用车间现有的条件，以小组工作的形式完成任务。

▰ 项目任务及要求 ▰

按图纸 C7 的要求加工内孔零件。

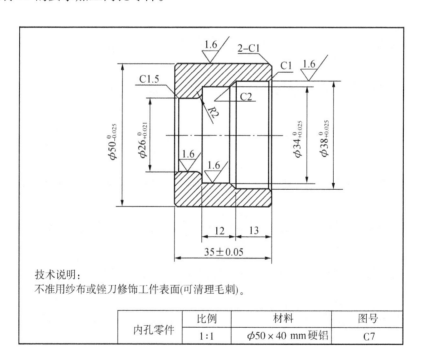

技术说明：
不准用纱布或锉刀修饰工件表面(可清理毛刺)。

内孔零件	比例	材料	图号
	1:1	$\phi 50 \times 40$ mm 硬铝	C7

▰ 学习目标 ▰

知识目标：了解内孔零件的特点。

读懂内孔零件图，准备相关加工工艺。

掌握 G71 指令加工内孔的运用。

技能目标： 掌握数控车床内孔零件的加工方法、加工工艺。

掌握内孔零件的编程方法、检测方法。

情感目标： 培养小组合作精神和安全文明生产职业素养。

◢◢◢ 项目实施过程 ◣◣◣

 想一想

1. 内孔零件有什么特点？

2. 要完成这项目需要哪些刀具、量具？

3. 加工图 C7 的工艺方法是什么？

4. 怎样装夹毛坯和安装刀具？

5. 加工本项目要用到什么编程指令？如何编写加工程序？

6. 如何测量和控制尺寸精度？

7. 你认为主要难点和注意事项是什么？

 做一做

根据图纸 C7 的要求加工内孔零件。

1. 图纸 C7 分析

图纸分析（如表 7 – 1 所示）。

表 7 – 1　C7 图纸分析表

分析项目	分析内容
标题栏信息	内孔零件、硬铝、$\phi\,55 \times 40$mm
零件形体	外形有 $\phi\,50$mm 的外圆及倒角、$\phi\,38$mm 和 $\phi\,34$mm 和 $\phi\,26$mm 的内孔及倒角、圆角
零件的公差	$\phi\,50$m 外圆为 0.025 和 $\phi\,38$mm、$\phi\,34$mm 内孔为 0.025，$\phi\,34$mm 处为 0.021，长度 35mm 处为 0.1
表面粗糙度	内孔和外圆都为 $Ra = 1.6$
其他技术要求	不准用纱布或锉刀修饰工件表面（可清理毛刺）

2. 刀具选用

刀具选用如表 7 – 2 所示。

表7-2 刀具选用表

刀号	T01	T02
类型	外圆车刀 （副偏角55°）	内孔刀 （副偏角5°）
形状		

3. 量具选用

（1）游标卡尺（详见附录）。

（2）外径千分尺（详见附录）。

（3）百分表（详见附录）。

4. 填写工序卡（仅供参考，可按照实际讨论修改）

经图纸尺寸精度、特征及要求分析，该零件需要二次装夹掉头加工。为了方便第二次装夹和保证同轴度，应首先选择外圆和内孔特征同一头加工，然后经过二次装夹打表校正，最后再加工另一头外圆和内孔特征。具体工序参数如表7-3所示。

表7-3 项目七工序卡

内孔零件加工			零件图号	零件名称	材料	日期
			C7	内孔零件	硬铝	
车间	使用设备	设备使用情况	程序编号		操作者	
数控车间实训中心	数控车床 GSK980TD	正常	自定			

工步号	工步内容	刀具号	刀具规格	主轴转速 （r/min）	进给量 （mm/min）	背吃刀量 （mm）
1	装夹零件毛坯，伸出卡盘长度约30mm，车左端面	T01	副偏角55°	600	手摇	约0.5
2	粗加工左边 ϕ50mm 外轮廓，加工长度 -25mm，留0.3余量	T01	副偏角55°	600	100	1
3	精加工左边 ϕ50mm 外轮廓至尺寸要求	T01	副偏角55°	800	35	0.3
4	钻中心孔	中心钻	ϕ2.5mm	1000	手摇	ϕ2.5

续表 7 – 3

工步号	工步内容	刀具号	刀具规格	主轴转速（r/min）	进给量（mm/min）	背吃刀量（mm）
5	钻通孔	钻头	ϕ20mm	450	手摇	ϕ20
6	镗左边内孔的 C1.5 倒角	T02	副偏角 5°	600	100	1
7	掉头装夹，校正同轴度，平右端面保证总长 35mm	T01	副偏角 55°	600	手摇	每刀约 0.5
8	粗加工右边 ϕ50mm 外轮廓，加工长度 -10.5mm，留 0.3 余量	T01	副偏角 55°	600	100	1
9	精加工右边 ϕ50mm 外轮廓至尺寸要求	T01	副偏角 55°	800	35	0.3
10	粗加工 ϕ38mm、ϕ34mm 和 ϕ26mm 内孔轮廓，留 0.3 余量	T02	副偏角 5°	600	100	1
11	精加工 ϕ38mm、ϕ34mm 和 ϕ26mm 内孔轮廓至尺寸要求	T02	副偏角 5°	800	35	0.3
编制		审核		批准		共　　页　第　　页

备注：合理选择该零件工件坐标原点，确定走刀路线，根据该零件的加工要求编制程序清单，并完成相应卡片的填写。

5. 确定内孔零件的节点坐标(仅供参考)

确定内孔零件的节点坐标如图 7 – 1、图 7 – 2 所示。

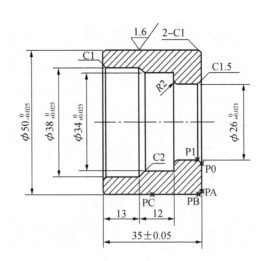

图 7 – 1　内孔零件第一次装夹左端内外轮廓节点

（1）第一次装夹，左端内外轮廓节点坐标

PA(48，0)　PB(50，-1)　PC(50，-20)　P0(29，0)　P1(26，-1.5)

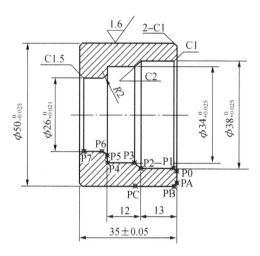

图 7 – 2　第二次装夹右端内外轮廓节点

（2）第二次装夹，右端轮廓节点坐标

PA(48，0)　PB(50，−1)　PC(50，−15.5)

P0(40，0)　P1(38，−1)　P2(38，−13)　P3(34，−15)　P4(34，−25)

P5(30，−25)　P6(26，−27)　P7(26，−34)

6. 编写内孔零件的加工程序（仅供参考）

运用 G71 指令编写本项目零件图的数控车削加工程序。

由于需要二次装夹，既有外轮廓又有内轮廓，因此项目的程序分四部分，一部分为零件的左端外轮廓加工程序，一部分为零件的左端内轮廓倒角加工程序，一部分为零件的右端外轮廓加工程序，最后一部分为零件的右端内轮廓加工程序，具体程序如表 7 – 4～表 7 – 7 所示。

表 7 – 4　本项目零件左端外轮廓加工程序

数控加工程序清单			零件图号	零件名称
姓名	班级	成绩	C7	内孔零件 （左端外轮廓程序）
序　号	程　序		说　明	
N0010	M03　S600		主轴正转，转速 600r/min	
N0020	T0101		1 号外圆车刀	
N0030	G00 X56 Z2		靠近工件	
N0040	G71 U1 R1		粗加工 ϕ 50mm 外轮廓，加工长度 − 25mm，背吃刀量1mm，留0.3余量，进给100	
N0050	G71 P60 Q90 U0.3 W0.3 F100			
N0060	G00 X48		左端倒角及 ϕ 50mm 外形的精加工轮廓	
N0070	G01 Z0 F35			
N0080	X50 Z − 1			
N0090	G01 Z − 25			

续表7-4

序　号	程　序	说　明
N0100	G00 X100 Z100	安全位置
N0120	T0101 M03 S800	修改刀补，正转800r/min
N0130	G00 X56 Z2	靠近工件
N0140	G70 P60 Q90	精加工倒角及φ50mm外形
N0150	G00 X100	回安全位置
N0160	Z100	
N0170	M05	主轴停，程序结束，状态复位
N0180	M30	

表7-5　内孔零件左端内轮廓倒角加工程序

数控加工程序清单			零件图号	零件名称
姓名	班级	成绩	C7	内孔零件 （左端内轮廓倒角程序）
序　号	程　序		说　明	
N0010	M03　S600		主轴正转，转速600r/min	
N0020	T0202		2号内孔车刀	
N0030	G00 X19 Z2		靠近工件	
N0040	G71 U1 R1		粗加工外轮廓内孔倒角，背吃刀量1mm，留0.3余量，进给100	
N0050	G71 P60 Q80 U-0.3 W0.3 F100			
N0060	G00 X29		左端内孔C1.5倒角的精加工轮廓	
N0070	G01 Z0 F35			
N0080	X26 Z-1.5			
N0090	G00 X19 Z100		安全位置	
N0100	T0202 M03 S800		修改刀补，正转800r/min	
N0120	G00 X19 Z2		靠近工件	
N0130	G70 P60 Q80		精加工左端内孔倒角	
N0140	G00 X19		回安全位置	
N0150	Z100			
N0160	M05		主轴停，程序结束，状态复位	
N0170	M30			

表 7 - 6　内孔零件右端外轮廓加工程序

数控加工程序清单			零件图号	零件名称
姓名	班级	成绩	C7	内孔零件 （右端外轮廓程序）
序　号	程　序		说　明	
N0010	M03　S600		主轴正转，转速 600r/min	
N0020	T0101		1 号外圆车刀	
N0030	G00 X56 Z2		靠近工件	
N0040	G71 U1 R1		粗加工 ϕ 50mm 外轮廓，加工长度 - 10.5mm，背吃刀量 1mm，留 0.3 余量，进给 100	
N0050	G71 P60 Q90 U0.3 W0.3 F100			
N0060	G00 X48		右端倒角及 ϕ 50mm 外形的精加工轮廓	
N0070	G01 Z0 F35			
N0080	X50 Z - 1			
N0090	G01 Z - 10.5			
N0100	G00 X100 Z100		安全位置	
N0120	T0101 M03 S800		修改刀补，正转 800r/min	
N0130	G00 X51 Z2		靠近工件	
N0140	G70 P60 Q90		精加工倒角及 ϕ 50mm 外轮廓	
N0150	G00 X100		回安全位置	
N0160	Z100			
N0170	M05		主轴停，程序结束，状态复位	
N0180	M30			

表 7-7 　内孔零件右端内轮廓加工程序

数控加工程序清单			零件图号	零件名称
姓名	班级	成绩	C7	内孔零件 （右端内轮廓程序）
序　号	程　　序		说　　明	
N0010	M03　S600		主轴正转，转速 600r/min	
N0020	T0202		2 号内孔车刀	
N0030	G00 X19 Z2		靠近工件	
N0040	G71 U1 R1		粗加工内孔 ϕ 38mm，ϕ 34mm，ϕ 26mm 内孔轮廓，加工长度 -36mm，背吃刀量 1mm，留0.3 余量，进给 100	
N0050	G71 P60 Q150 U - 0.3 W0.3 F100			
N0060	G00 X40		内孔 ϕ 38mm，ϕ 34mm，ϕ 26mm 精加工内孔轮廓	
N0070	G01 Z0 F35			
N0080	X38 Z - 1			
N0090	Z - 13			
N0100	X34 Z - 15			
N0120	Z - 25			
N0130	X30			
N0140	G02 X26 Z - 27 R2			
N0150	G01 Z - 31			
N0160	G00 X19 Z100		安全位置	
N0170	T0202 M03 S800		修改刀补，正转 800r/min	
N0180	G00 X19 Z2		靠近工件	
N0190	G70 P60 Q150		精加工内孔 ϕ 38mm，ϕ 34mm，ϕ 26mm 内孔轮廓至尺寸要求	
N0200	G00 X19		回安全位置	
N0210	Z100			
N0220	M05		主轴停，程序结束，状态复位	
N0230	M30			

项目检查与评价

 **写一写**

填写项目实训报告，如表7-8所示。

表7-8 实训报告表

项目名称					实训课时	
姓名		班级		学号	日期	
学习过程	(1)实训过程中是否遵守安全文明操作？ (2)在加工的时候，遇到的难题是什么？你觉得要注意什么？ (3)简要写下完成本项目的加工过程。					
心得体会	(1)通过本项目学习，你学到了什么？ (2)工件做出来的效果如何？有哪些不足，需要改进的地方是哪里？获得什么经验？					

评一评

检查评价表，如表7-9所示(完成任务后，大家来评一评，看谁做得好)。

表7-9 检查评价表

序号	检测的项目	分值	自我测试		小组长测试		老师测试	
			结果	得分	结果	得分	结果	得分
1	外圆 $\phi(50_{-0.025}^{0})$ mm	10						
2	内孔 $\phi(38+0.025)$ mm	10						
3	内孔 $\phi(34+0.025)$ mm	10						
4	内孔 $\phi(26+0.021)$ mm	10						

数控车操作与编程项目教程

序号	检测的项目	分值	自我测试		小组长测试		老师测试	
			结果	得分	结果	得分	结果	得分
5	C1	5						
6	C1.5	5						
7	C2	5						
8	R2	5						
9	总长(35 ± 0.05)mm	10						
10	$Ra\,1.6$	10						
11	车床保养，工刃量具摆放	10						
12	安全操作情况	10						
	合计	100						
	本项目总成绩 (= 自评30% + 小组长评30% + 教师评40%)							

知识加油站

 读一读

一、内孔车削工艺

内孔车削时，为了保证加工准确，对内孔加工提出了较严格的要求。

(1)内孔加工较外圆车削而言，较难观察刀具切削情况，尤其是加工细长孔时这一问题更为突出；

(2)由于受内孔直径大小的影响，内孔刀具的刀杆不可能设计得很大，因此刀具刀杆刚性较差，在加工中容易出现振动等现象；

(3)内孔加工尤其是盲孔加工时，切屑难以及时排出；切削液难以达到切削区域；

(4)内孔的尺寸测量比较困难。

二、内孔加工刀具

内孔加工中常用的孔用刀具有中心钻、麻花钻、内孔车刀、铰刀等。

(1)中心钻

中心钻是用于轴类等零件端面上的中心孔加工，如图 7 - 3 所示。中心孔可作为轴类工件在顶尖上安装的定位基面，也可用于孔加工的预制精确定位，引导钻头进行孔加工，减少误差。

中心孔常见的有 A 型和 B 型。A 型中心孔只有 60°锥孔。B 型中心孔外端的 120°锥面

又称保护锥面，用以保护60°锥孔的外缘不被碰坏。A型和B型中心孔，分别用相应的中心钻在车床或专用车床上加工。加工中心孔之前应先将轴的端面车平，防止中心钻折断，标准中心钻的峰角一般为118°。中心孔的60°锥孔与顶尖上的60°锥面需相配合；里端的小圆孔为保证锥孔与顶尖锥面配合贴切，并可存储少量润滑油（黄油）。

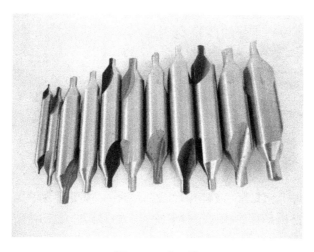

图7-3　中心钻

（2）麻花钻

麻花钻是通过其相对固定轴线的旋转切削以钻削工件的圆孔的工具，如图7-4所示。因其容屑槽成螺旋状而形似麻花而得名。螺旋槽有2槽、3槽或更多槽，但以2槽最为常见。麻花钻可被夹持在手动、电动的手持式钻孔工具上或钻床、铣床、车床等设备上使用。钻头材料一般为高速工具钢或硬质合金。标准麻花钻的峰角为118°。

在数控车床上钻孔时，一般都应先用中心钻打定位孔，然后再用麻花钻钻孔。

图7-4　麻花钻

（3）内孔车刀

经过麻花钻钻孔之后，还需要用到内孔刀具进行扩孔来达到内孔工艺尺寸与表面粗糙度要求。内孔车刀如图7-5所示。

（4）铰刀

铰刀具有一个或者多个刀齿，用以切除孔已加工表面薄金属层的旋转刀具，如图7-6所示。经过绞刀加工后的孔可以获得精确的尺寸和形状。

数
控
车
操
作
与
编
程
项
目
教
程

图 7-5　内孔车刀

图 7-6　铰刀

铰刀用于铰削工件上已钻削（或扩孔）加工后的孔，主要是为了提高孔的加工精度，提高其表面的粗糙度，是用于孔的精加工和半精加工的刀具，加工余量一般很小。

三、 内孔车刀的安装

1. 内孔刀刀座

安装内孔刀具时，由于内孔刀杆比较细小，比较难装夹。如果不采用刀座，直接装夹刀杆时，X 轴容易出现超程现象。因此，一般使用刀座来安装内孔刀，使刀具更易于安装且不容易使 X 轴超程，如图 7-7 所示。

图 7-7　内孔刀刀座

2. 装刀

内孔车刀安装的正确与否，直接影响到车削情况及孔的精度，所以在安装时一定要注意。如图 7-8 所示。

（1）刀尖与工件中心等高或稍高。如果刀尖低于内孔中心，由于切削抗力作用容易将

图 7 - 8　装刀

刀柄压低而扎刀，并造成孔径扩大；

　　（2）刀柄伸出刀架不宜过长，一般比被加工孔长 5～6mm；

　　（3）刀柄基本平行于工件轴线，否则在车削到一定深度时刀柄后半部分容易碰到工件孔口；

　　（4）盲孔车刀装夹时主刀刃应与孔底平面成 3°～5°角，横向（Z 向）需有足够的退刀空间。

四、　内孔加工的关键技术

　　内孔加工应掌握三项关键技术：增加内孔车刀的刚性；控制切削的排出方向；充分加注切削液。孔加工时由于加工空间狭小，刀具刚性不足，所以刀具一般要比较锋利，且切削用量比外圆加工时要选得小些。

五、　内孔加工的程序编写

　　内、外圆粗车复合循环指令 G71 加工内孔。

　　格式：

　　　　G00 X_ Z_ ；（循环起点）

　　　　G71 U_ R_ ；

　　　　G71 P_ Q_ U-_ W_ F_ S_ T_ ；

【例 7 -1】假设麻花钻已经钻好 ϕ20mm 的孔。

…

G00 X18 Z2；

G71 U1 R1；

G71 P1 Q2 U - 0. 5 W0. 1 F100；

N1…

…

N2…

G70 P1 Q2

…

119

注意：

(1)内孔加工时，G71 指令循环起点 G00 中 X 坐标值一定要小于毛坯孔的 X 直径。(如麻花钻钻孔直径 20 时，G00 定位应小于 20，但也不能太小，以免退刀时内孔刀与孔壁的另一侧发生碰撞，一般小于毛坯孔直径 1～2 mm 即可。)

(2)G71 指令中加工内孔轮廓各参数的含义与加工外圆时基本相同，但是需注意的是内孔加工时 G71 P1 Q2 U −0.5 W0.1 F100 程序段中的精加工余量 U 值应取负值，不然如果是正值的话，说明余量是正数，加工出来的内孔尺寸有正余量，内孔已经大了，内孔尺寸作废。

(3)G71 指令加工内孔时，仅可对单调递减的零件内孔轮廓进行编程及加工，而对于凹形轮廓则不能编程加工。

项目八

内螺纹零件车削加工

项目引入

现在我校某合作企业急需一小批内螺纹零件(零件尺寸 C8 图纸所示)，40 件。现将订单委托我校数控车间协助解决，该零件要使用数控车床加工。已知毛坯材料为硬铝，尺寸为 $\phi 50 \times 35$ mm 的棒料。同学们分成若干小组并选出小组长，每组 3 ～ 4 人，在老师的指导下，利用车间现有的条件，以小组工作的形式完成任务。

项目任务及要求

按图纸 C8 的要求加工内螺纹零件。

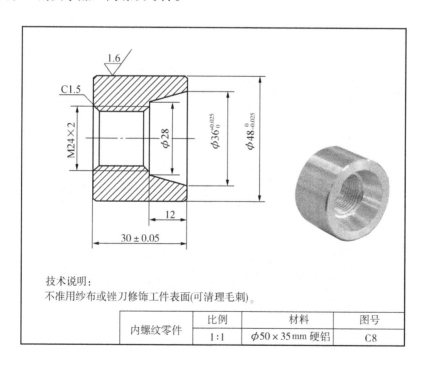

技术说明：
不准用纱布或锉刀修饰工件表面(可清理毛刺)。

内螺纹零件	比例	材料	图号
	1:1	$\phi 50 \times 35$ mm 硬铝	C8

学习目标

知识目标： 了解内螺纹零件的特点。

读懂内螺纹零件图，准备相关加工工艺。

数控车操作与编程项目教程

掌握 G92 指令加工内螺纹的运用。

技能目标： 掌握数控车床内螺纹零件的加工方法、加工工艺。

　　　　　　掌握内螺纹零件的编程方法、检测方法。

情感目标： 培养小组合作精神和安全文明生产职业素养。

项目实施过程

 ### 想一想

1. 内螺纹零件有什么特点？

2. 要完成这项目需要哪些刀具、量具？

3. 加工图 C8 的工艺方法是什么？

4. 怎样装夹毛坯和安装刀具？

5. 加工本项目要用到什么编程指令？如何编写加工程序？

6. 如何测量和控制尺寸精度？

7. 你认为主要难点和注意事项是什么？

 ### 做一做

根据图纸 C8 的要求加工内螺纹零件。

1. 图纸 C8 分析

图纸分析(如表 8 - 1 所示)。

表 8 - 1　C8 图纸分析表

分析项目	分析内容
标题栏信息	内螺纹加工零件、硬铝、$\phi 50 \times 35$mm
零件形体	外形有 ϕ48mm 的外圆及倒角、ϕ36m 和 ϕ28mm 的内孔、M24×2 的内螺纹
零件的公差	ϕ48mm 外圆为 0.025 和 ϕ36mm 处为 0.025，长度 30mm 为 0.1
表面粗糙度	$Ra = 1.6$
其他技术要求	不准用纱布或锉刀修饰工件表面(可清理毛刺)

2. 刀具选用

刀具选用如表 8 - 2 所示。

表8-2 刀具选用表

刀号	T01	T02	T03
类型	外圆车刀 （副偏角55°）	内孔刀 （副偏角5°）	内螺纹刀 （刀尖60°）
形状			

3. 量具选用

（1）游标卡尺（详见附录）。

（2）外径千分尺（详见附录）。

（3）百分表（详见附录）。

4. 填写工序卡（仅供参考，可按照实际讨论修改）

经图纸尺寸精度、特征及要求分析，该零件需要二次装夹掉头加工。为了方便第二次装夹和保证同轴度，应首先选择外圆和内孔特征同一头加工，然后经过二次装夹打表校正，最后再加工另一头外圆和内孔特征。具体工序如表8-3所示。

表8-3 项目八工序卡

内螺纹零件加工				零件图号	零件名称	材料	日期
				C8	内螺纹 零件	硬铝	
车　间		使用设备	设备使用情况	程序编号		操作者	
数控车间实训中心		数控车床 GSK980TD	正常	自定			
工步号	工步内容	刀具号	刀具规格	主轴转速 （r/min）	进给量 （mm/min）	背吃刀量 （mm）	
1	装夹零件毛坯，伸出卡盘长度约20mm，车端面	T01	副偏角55°	600	手摇	约0.5	
2	粗加工左边 ϕ48mm 外轮廓，加工长度 -18mm，留0.3余量	T01	副偏角55°	600	100	1	
3	精加工左边 ϕ48mm 外轮廓至尺寸要求	T01	副偏角55°	800	35	0.3	
4	钻中心孔	中心钻	ϕ2.5mm	1000	手摇	ϕ2.5	
5	钻通孔	钻头	ϕ19mm	450	手摇	ϕ19	

续表 8-3

工步号	工步内容	刀具号	刀具规格	主轴转速（r/min）	进给量（mm/min）	背吃刀量（mm）
6	镗左边内孔的倒角	T02	副偏角5°	600	100	1
7	掉头装夹，校正同轴度，平右端面保证总长30mm	T01	副偏角55°	600	手摇	每刀约0.5
8	粗加工右边ϕ48mm外轮廓，加工长度 -12.5mm，留0.3余量	T01	副偏角55°	600	100	1
9	精加工右边ϕ48mm外轮廓至尺寸要求	T01	副偏角55°	800	35	0.3
10	粗加工ϕ36mm、ϕ28mm和M24小径内孔轮廓，留0.3余量	T02	副偏角5°	600	100	1
11	精加工ϕ36mm、ϕ28mm和M24小径内孔轮廓至尺寸要求	T02	副偏角5°	800	35	0.3
12	加工内螺纹 M24×2	T03	刀尖角60°	450	螺距2mm/r	粗0.3，精0.1
编制		审核		批准	共　页	第　页

备注：合理选择该零件工件坐标原点，确定走刀路线，根据该零件的加工要求编制程序清单，并完成相应卡片的填写。

5. 确定内螺纹零件的节点坐标(仅供参考)

确定内螺纹零件的节点坐标，如图8-1、图8-2所示。

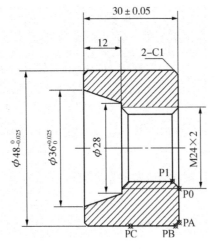

图 8-1　内螺纹第一次装夹左端内外轮廓节点坐标

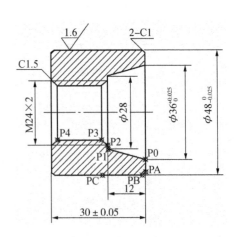

图 8-2　内螺纹第二次装夹右端轮廓节点坐标

（1）第一次装夹左端内外轮廓节点坐标

PA(46，0)　PB(48，-1)　PC(48，-18)

P0(36，0)　P1(22，-1.5)

（2）第二次装夹右端轮廓节点坐标

PA(46，0)　PB(48，-1)　PC(48，-12.5)

P0(36，0)　P1(28，-12)　P2(25，-12)　P3(22，-13.5)　P4(22，-28.5)

6. 编写内螺纹零件的加工程序(仅供参考)

运用 G71、G92 等指令编写内螺纹零件图的数控车削加工程序。

由于需要二次装夹，既有外轮廓又有内轮廓，因此项目的程序分五部分，一部分为零件的左端外轮廓加工程序，一部分为零件的左端内轮廓倒角加工程序，一部分为零件的右端外轮廓加工程序，一部分为零件的右端内轮廓加工程序，最后一部分为内螺纹的加工程序。具体程序如表 8-4～表 8-8 所示。

表 8-4　本项目零件左端外轮廓加工程序

数控加工程序清单			零件图号	零件名称
姓名	班级	成绩	C8	内螺纹零件 （左端外轮廓程序）
序　号	程　序		说　明	
N0010	M03　S600		主轴正转，转速 600r/min	
N0020	T0101		1 号外圆车刀	
N0030	G00 X51 Z2		靠近工件	
N0040	G71 U1 R1		粗加工 φ48mm 外轮廓，加工长度 -18mm，背吃刀量1mm，留0.3余量，进给100	
N0050	G71 P60 Q90 U0.3 W0.3 F100			
N0060	G00 X46		左端倒角及 φ48mm 外形的精加工轮廓	
N0070	G01 Z0 F35			
N0080	X48 Z-1			
N0090	G01 Z-18			
N0100	G00 X100 Z100		安全位置	
N0120	T0101 M03 S800		修改刀补，正转800r/min	
N0130	G00 X51 Z2		靠近工件	
N0140	G70 P60 Q90		精加工倒角及 φ48mm 外形	
N0150	G00 X100		回安全位置	
N0160	Z100			
N0170	M05		主轴停，程序结束，状态复位	
N0180	M30			

数控车操作与编程项目教程

表 8-5 内螺纹零件左端内轮廓倒角加工程序

数控加工程序清单			零件图号	零件名称
姓名	班级	成绩	C8	内螺纹零件 （左端内轮廓倒角程序）
序号	程序		说明	
N0010	M03　S600		主轴正转，转速 600r/min	
N0020	T0202		2 号内孔车刀	
N0030	G00 X19 Z2		靠近工件	
N0040	G71 U1 R1		粗加工外轮廓内孔倒角，背吃刀量 1mm，留	
N0050	G71 P60 Q80 U-0.3 W0.3 F100		0.3 余量，进给 100	
N0060	G00 X25		左端内孔倒角的精加工轮廓	
N0070	G01 Z0 F35			
N0080	X22 Z-1.5			
N0090	G00 X19 Z100		安全位置	
N0100	T0202 M03 S800		修改刀补，正转 800r/min	
N0120	G00 X19 Z2		靠近工件	
N0130	G70 P60 Q80		精加工左端内孔倒角	
N0140	G00 X19		回安全位置	
N0150	Z100			
N0160	M05		主轴停，程序结束，状态复位	
N0170	M30			

表 8-6 内螺纹零件右端外轮廓加工程序

数控加工程序清单			零件图号	零件名称
姓名	班级	成绩	C8	内螺纹零件 （右端外轮廓程序）
序号	程序		说明	
N0010	M03　S600		主轴正转，转速 600r/min	
N0020	T0101		1 号外圆车刀	
N0030	G00 X51 Z2		靠近工件	
N0040	G71 U1 R1		粗加工 ϕ48mm 外轮廓，加工长度-12.5mm，背吃刀量 1mm，留 0.3 余量，进给 100	
N0050	G71 P60 Q90 U0.3 W0.3 F100			

序 号	程 序	说 明
N0060	G00 X46	右端倒角及 ϕ 48mm 外形的精加工轮廓
N0070	G01 Z0 F35	
N0080	X48 Z-1	
N0090	G01 Z-12.5	
N0100	G00 X100 Z100	安全位置
N0120	T0101 M03 S800	修改刀补，正转 800r/min
N0130	G00 X51 Z2	靠近工件
N0140	G70 P60 Q90	精加工倒角及 ϕ 48mm 外轮廓
N0150	G00 X100	回安全位置
N0160	Z100	
N0170	M05	主轴停，程序结束，状态复位
N0180	M30	

表 8-7 内螺纹零件右端内轮廓加工程序

数控加工程序清单			零件图号	零件名称
姓名	班级	成绩	C8	内螺纹零件（右端内轮廓程序）
序 号	程 序		说 明	
N0010	M03 S600		主轴正转，转速 600r/min	
N0020	T0202		2 号内孔车刀	
N0030	G00 X19 Z2		靠近工件	
N0040	G71 U1 R1		粗加工内孔 ϕ 36mm、ϕ 28mm 和 M24 小径内孔轮廓，加工长度-31mm，背吃刀量1mm，留0.3余量，进给100	
N0050	G71 P60 Q120 U-0.3 W0.3 F100			
N0060	G00 X36		ϕ 36mm、ϕ 28mm 和 M24 小径的精加工内孔轮廓	
N0070	G01 Z0 F35			
N0080	X28 Z-12			
N0090	X25			
N0100	X22 Z-13.5			
N0120	G01 Z-31			
N0130	G00 X19 Z100		安全位置	

数控车操作与编程项目教程

序 号	程 序	说 明
N0140	T0202 M03 S800	修改刀补，正转 800r/min
N0150	G00 X19 Z2	靠近工件
N0160	G70 P60 Q120	精加工内孔 ϕ 36mm，ϕ 28mm，M24 小径内孔轮廓至尺寸要求
N0170	G00 X19	回安全位置
N0180	Z100	
N0190	M05	主轴停，程序结束，状态复位
N0200	M30	

表 8 - 8　内螺纹加工程序

数控加工程序清单			零件图号	零件名称
姓名	班级	成绩	C8	内螺纹零件 （右端内螺纹加工程序）
序 号	程 序		说 明	
N0010	M03　S600		主轴正转，转速 600r/min	
N0020	T0303		3 号内螺纹车刀	
N0030	G00 X19 Z2		靠近工件	
N0040	G00 X19 Z - 10		定位，靠近工件螺纹位置	
N0050	G92 X22. 5 Z - 32 F2		M24 × 2 的螺纹加工，小径 ϕ 22mm，螺距 2mm/r	
N0060	X22. 8			
N0070	X23. 1			
N0080	X23. 4			
N0090	X23. 7			
N0100	X23. 9			
N0120	X24			
N0130	X24			
N0140	G00 X19		回安全位置	
N0150	Z100			
N0160	M05		主轴停，程序结束，状态复位	
N0170	M30			

项目检查与评价

写一写

填写项目实训报告，如表8-9所示。

表8-9 实训报告表

项目名称				实训课时	
姓名		班级	学号	日期	
学习过程	(1)实训过程中是否遵守安全文明操作？ (2)在加工的时候，遇到的难题是什么？你觉得要注意什么？ (3)简要写下完成本项目的加工过程。				
心得体会	(1)通过本项目，你学到了什么？ (2)工件做出来的效果如何？有哪些不足，需要改进的地方是哪里？获得什么经验？				

评一评

检查评价表，如表8-10所示。（完成任务后，大家来评一评，看谁做得好）

表8-10 检查评价表

序号	检测的项目	分值	自我测试		小组长测试		老师测试	
			结果	得分	结果	得分	结果	得分
1	外圆$\phi(48_{-0.025}^{0})$mm	10						
2	内孔$\phi(36+0.025)$mm	10						
3	内孔ϕ28mm	10						
4	M24×2	15						
5	2×C1、C1.5倒角	10						
6	长度12mm	5						
7	总长(30±0.05)mm	10						
8	Ra1.6	10						
9	车床保养，工刃量具摆放	10						
10	安全操作情况	10						
	合计	100						
	本项目总成绩 （=自评30%+小组长评30%+教师评40%）							

知识加油站

 读一读

一、 内螺纹加工进退刀点的选择

螺纹加工指令在做切削进给运动过程中，包括加速运动、恒速切削运动和减速运动三个过程。当螺纹刀接到指令开始进给时，进给速度从 $0 \sim F$ 给定值时是加速运动。当加工快要终了时，由系统反馈判断出即将结束加工，为达到准确的位置精度，刀具做减速运动，进给速度从 $F \sim 0$ 给定值。现在我们可以判断出，螺纹头部和尾部的加工，会造成螺纹螺距的减小而产生不完全螺纹。因此，在编程时，螺纹头部和尾部都应留出一定距离（将不完全螺纹留在非加工范围内），这两个距离分别称为升速进刀段 δ_1 和降速退刀段 δ_2。δ_1、δ_2 可利用经验公式进行计算：

$$\delta_1 = \frac{nF}{1800} \times 3.605 \qquad \delta_2 = \frac{nF}{1800}$$

式中　n——主轴转速；

　　　F——螺纹的导程(对于单头螺纹则为螺距)；

　　　1800——常数，是基于伺服系统时间常数 0.0335 得出的(不同的伺服系统时间常数会有差异)。

由经验公式可以看出，δ_1、δ_2 和导程(螺距)有关。加工普通的小螺距螺纹时，不用计算 δ 值，一般升速进刀段 δ_1 取 5.0mm 左右，降速退刀段 δ_2 取 2.0mm 左右。但要特别注意的是，δ_1、δ_2 的距离值一定不要使刀具与工件或顶尖位置形状发生干涉。

二、 车削螺纹时主轴转速的选取

车削螺纹的主轴转速可按下面经验公式计算：

$$n \leqslant \frac{1200}{P} - K$$

式中　P——工件的螺距，mm；

　　　K——保险系数，一般取 80。

当然，主轴的转速选择不是唯一的，要根据加工材料、所用的刀具和车床的刚性等综合考虑。

三、 分层切削深度的选择

如果螺纹牙型较深、螺距较大，可分几次进给。每次进给的背吃刀量用螺纹深度减精加工背吃刀量所得的差按递减规律分配。常用螺纹切削的进给次数与背吃刀量可参考表 8-11 和表 8-12。在实际加工中，当用牙型高度控制螺纹直径时，一般通过试切来满足加工要求。

表 8-11　常用公制螺纹切削次数与背吃刀量　　　　　单位：mm

公制螺纹								
螺距		1.0	1.5	2.0	2.5	3.0	3.5	4.0
牙深		0.649	0.974	1.299	1.624	1.949	2.273	2.598
切削次数及背吃刀量	第1次	0.7	0.8	0.9	1.0	1.2	1.5	1.5
	第2次	0.4	0.6	0.6	0.7	0.7	0.7	0.8
	第3次	0.2	0.4	0.6	0.6	0.6	0.6	0.6
	第4次		0.16	0.4	0.4	0.4	0.6	0.6
	第5次			0.1	0.4	0.4	0.4	0.4
	第6次				0.15	0.4	0.4	0.4
	第7次					0.2	0.2	0.4
	第8次						0.15	0.3
	第9次							0.2

表 8-12　常用英制螺纹切削次数与背吃刀量　　　　　单位：mm

英制螺纹								
牙/in		24 牙	18 牙	16 牙	14 牙	12 牙	10 牙	8 牙
牙深（半径值）		0.678	0.904	1.016	1.162	1.355	1.626	2.033
切削次数及背吃刀量（直径值）不光滑	第1次	0.8	0.8	0.8	0.8	0.9	1.0	1.2
	第2次	0.4	0.6	0.6	0.6	0.6	0.7	0.7
	第3次	0.16	0.3	0.5	0.5	0.6	0.6	0.6
	第4次		0.11	0.14	0.3	0.4	0.4	0.5
	第5次				0.13	0.21	0.4	0.5
	第6次						0.16	0.4
	第7次							0.17
	第8次							
	第9次							

　　当然，螺纹切削的进给次数与背吃刀量也需根据不同的加工材质和刀具质量自定选取，但一定要遵循逐渐递减的原则。

四、　螺纹车刀的装夹方法

车削螺纹时，为了保证齿形正确，对安装螺纹车刀提出了较严格的要求。

（1）刀尖高　装夹螺纹车刀时，刀尖位置一般应与车床主轴轴线等高。特别是内螺纹车刀的刀尖高必须严格保证，以免出现"扎刀""阻刀"及"让刀"及螺纹面不光滑等现象。

当高速车削螺纹时，为防止振动和"扎刀"，其硬质合金车刀的刀尖应略高于车床主轴轴线 0.1～0.3mm。

（2）内螺纹刀座：安装内螺纹刀具时，由于内螺纹刀杆比较细小，比较难装夹。如果采用直接装夹刀杆，X 轴会容易出现超程现象。因此，一般使用刀座来安装内螺纹刀，这样刀具便于安装、调整。如图 8-3 所示。

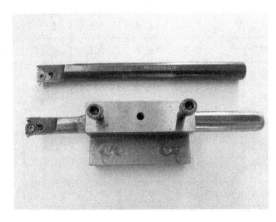

图 8-3　内螺纹刀座

（3）牙型样板：装夹内螺纹车刀时，使用牙型样板对刀，要求车刀的刀尖齿形对称并垂直于工件轴线。如图 8-4 所示。

（4）刀头伸出长度：刀头一般不要伸出过长，约为刀杆厚度的 1～1.5 倍。内螺纹车刀的刀头加上刀杆后的径向长度应比螺纹底孔直径小 3～5mm，以免退刀时碰伤牙顶。

图 8-4　螺纹刀的安装

五、　内螺纹孔径的计算

由于国家标准规定螺纹孔径有很大的公差，内螺纹小径的基本尺寸与外螺纹小径的基本尺寸相同，为了计算方便，可用近似公式：

$$d_1 = d - (1 \sim 1.1)P$$

式中　d_1——内螺纹小径尺寸；

d——内螺纹大径尺寸；

P——螺距。

当用丝锥攻制内螺纹或高速切削塑性金属内螺纹时，螺纹孔径加工尺寸推荐：$d_1 = d - P$；

当车削脆性金属（铸铁等）或低速车削内螺纹（尤其是细牙螺纹）时，螺纹孔径推荐：$d_1 = d - 1.1P$。

六、 内螺纹编程方法

1. 采用单一固定循环指令 G92 加工内螺纹

单一固定循环 G92，比 G32、G76 编程时较为简单，因此可以用 G92 单一循环指令进行编程。

指令格式：G00 X_ Z_ ；（循环起点）

　　　　　　G92 X_ Z_ F_ ；

说明：

①G92 指令中加工外螺纹与内螺纹各参数的含义相同。

【例 8 - 1】

…

G00 X21 Z2；假设内孔为 ϕ22.5mm

G92 X22.5 Z - 15 F1.5；假设 M24 × 1.5 的内螺纹

X22.9…

X23.2…

…

X…螺纹大径

②需注意的是内螺纹 G00 定位时，应定位在比内孔直径（钻头钻削直径）数值小的位置上。如钻头为直径 18mm（X18），则 G00 定位数值为 X16。

③G00 起点位置设定要适当，其 X 坐标值不宜过小，以免螺纹刀退刀时与孔壁的另一侧发生碰撞，一般定位比孔径小 1 ~ 2mm 即可。

④内螺纹终点坐标是从小径车到大径；而外螺纹是从大径车到小径。

七、 车削螺纹时常见问题分析

车削螺纹时，由于各种原因，造成加工时在某一环节出现问题，引起车削螺纹时产生问题，影响正常加工，这时应及时加以解决。

（1）车刀安装得过高或过低。过高，则吃刀到一定深度时，车刀的后刀面顶住工件，增大摩擦力，甚至把工件顶弯；过低，则切屑不易排出，车刀径向力的方向是工件中心，致使吃刀深度不断地自动趋向加深，从而把工件抬起，出现啃刀。此时，应及时调整车刀高度，使其刀尖与工件的轴线等高。在粗车和半精车时，刀尖位置比工件的中心高出 $0.01D$ 左右（D 表示被加工工件直径）。

（2）工件装夹不牢。工件夹装时伸出过长或本身的刚性不能承受车削时的切削力，因而产生过大的挠度，改变了车刀与工件的中心高度（工件被抬高了），形成切削深度突增，出现啃刀。此时应把工件装夹牢固，可使用一夹一顶的装夹方式，以增加工件刚性。

（3）螺纹表面粗糙。原因是车刀刃口磨得不光洁、切削液冷却不到位、切削参数不合适，以及系统刚性不足切削过程产生振动等造成的。应正确精研刀具（或更换刀片）；选择合适的切削速度和切削液；调整车床滚珠丝杠间隙，保证各导轨间隙的准确性，防止切削时产生振动。

（4）牙形不正确。车刀在安装时不正确，没有采用螺纹样板对刀，刀尖产生倾斜，造成螺纹的半角误差。另外，车刀刃磨时刀尖角测量有误差，产生不正确牙形，或是车刀磨损，引起切削力增大，顶弯工件，出现啃刀。此时应对车刀加以修磨，或更换新的刀片。

（5）刀片与螺距不符。采用定螺距刀片加工螺纹时，刀片加工范围与工件实际螺距不符，也会造成牙型不正确甚至发生撞刀事故。

（6）乱牙现象。切削线速度过高使进给伺服系统无法快速响应，造成乱牙现象发生。因此，一定要了解车床的加工性能，而不能盲目地追求"高速、高效"加工。

项目九

端面槽零件车削加工

项目引入

现在我校某合作企业急需一小批端面槽零件(零件尺寸 C9 图纸所示)。现将订单委托我校数控车间协助解决，该零件要使用数控车床加工。已知毛坯材料为硬铝，尺寸为 $\phi65 \times 45mm$ 的棒料。同学们分成若干小组并选出小组长，每组 3～4 人，在老师的指导下，利用车间现有的条件，以小组工作的形式完成任务。

项目任务及要求

按图纸 C9 的要求加工端面槽零件。

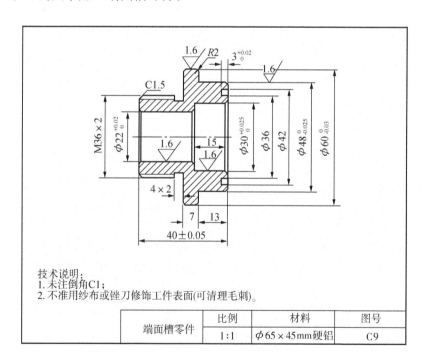

技术说明：
1. 未注倒角C1；
2. 不准用纱布或锉刀修饰工件表面(可清理毛刺)。

端面槽零件	比例	材料	图号
	1:1	$\phi65 \times 45mm$ 硬铝	C9

学习目标

知识目标： 了解端面槽零件的特点。

读懂端面槽零件图，准备相关加工工艺。

运用 G74 指令编写端面槽加工程序。

技能目标: 掌握数控车床端面槽零件的加工方法、加工工艺。

掌握端面槽零件的编程方法、检测方法。

情感目标: 培养小组合作精神和安全文明生产职业素养。

◢◢◢ 项目实施过程 ◢◢◢

 想一想

1. 端面槽零件有什么特点？

2. 要完成这项目需要哪些刀具、量具？

3. 加工图 C9 的工艺方法是什么？

4. 怎样装夹毛坯和安装刀具？

5. 加工本项目要用到什么编程指令？如何编写加工程序？

6. 如何测量和控制尺寸精度？

7. 你认为主要难点和注意事项是什么？

 做一做

根据图纸 C9 的要求加工端面槽零件。

1. 图纸 C9 分析

图纸分析(如表 9 – 1 所示)。

表 9 – 1　C9 图纸分析表

分析项目	分析内容
标题栏信息	端面槽零件、硬铝、$\phi 65 \times 45$mm
零件形体	外形有 $\phi 48$mm、$\phi 60$mm 的外圆，M36 × 2 及 4 × 2 的退刀槽，C1.5 倒角，$\phi 30$mm 和 $\phi 22$mm 内孔，还有 $\phi 36$mm ～ 42mm 和深 3mm 的端面槽
零件的公差	$\phi 48$mm 外圆为 0.025、$\phi 60$mm 外圆为 0.03、$\phi 30$mm 内孔为 0.025、$\phi 22$mm 内孔为 0.02、长度 40mm 处为 0.1、端面槽深度 3mm 为 0.02
表面粗糙度	$Ra = 1.6$
其他技术要求	未注倒角 C1，不准用纱布或锉刀修饰工件表面(可清理毛刺)

2. 刀具选用

刀具选用如表 9 – 2 所示。

表 9-2　刀具选用表

刀号	T01	T02	T03（可拆）	T03（可拆）	T04
类型	外圆车刀 （副偏角 55°）	切槽刀 （刀宽 3mm）	外螺纹刀 （刀尖 60°）	内孔刀 （副偏角 5°）	端面切槽刀 （刀宽 3mm） （加工范围 ϕ 35 - 50mm）
形状					

3. 量具选用

（1）游标卡尺（详见附录）。

（2）外径千分尺、百分表（详见附录）。

4. 填写工序卡（仅供参考，可按照实际讨论修改）

经图纸尺寸精度、特征及要求分析，该零件需要二次装夹掉头加工。为了方便第二次装夹和保证同轴度，应首先选择外圆和内孔特征同一头加工，再加工端面槽，然后经过二次装夹打表校正，最后再加工另一头外圆和内孔倒角特征。具体工序参数如表 9-3 所示。

表 9-3　项目九工序卡

端面槽零件加工			零件图号	零件名称	材料	日期
			C9	端面槽 零件	硬铝	
车间	使用设备	设备使用情况		程序编号		操作者
数控车间实训中心	数控车床 GSK980TD	正常		自定		
工步号	工步内容	刀具号	刀具规格	主轴转速 （r/min）	进给量 （mm/min）	背吃刀量 （mm）
1	装夹零件毛坯，伸出卡盘长度约 30mm，车右端面	T01	副偏角 55°	600	手摇	约 0.5
2	粗车右边 ϕ 48mm、$R2$、ϕ 60mm 外形，加工长度 -25mm，留 0.3 余量	T01	副偏角 55°	600	100	1
3	精车右边 ϕ 48mm、$R2$、ϕ 60mm 外形至尺寸要求	T01	副偏角 55°	800	35	0.3

数控车操作与编程项目教程

续表 9 – 3

工步号	工步内容	刀具号	刀具规格	主轴转速（r/min）	进给量（mm/min）	背吃刀量（mm）
4	钻中心孔	中心钻	$\phi 2.5$mm	1000	手摇	$\phi 2.5$
5	钻通孔	钻头	$\phi 19$mm	450	手摇	$\phi 19$
6	粗车右边 $\phi 30$mm、C1 倒角、$\phi 22$mm 内孔轮廓，留 0.3 余量	T03	副偏角 5°	600	100	1
7	精车右边 $\phi 30$m、C1 倒角、$\phi 22$mm 内孔轮廓至尺寸要求	T03	副偏角 5°	800	35	0.3
8	加工 $\phi(36 \sim 42)$mm，深度 3mm 的端面槽	T04	刀宽 3，$\phi(35$mm ~ 50mm)	450	25	3
9	掉头装夹 $\phi 48$mm 处，校正同轴度，平左端面保证总长 40mm	T01	副偏角 55°	600	手摇	每刀约 0.5
10	粗车左边 M36×2 大径及倒角，加工长度 – 12.5mm，留 0.3 余量	T01	副偏角 55°	600	100	1
11	精车左边 M36×2 外形及倒角至尺寸要求	T01	副偏角 55°	800	35	0.3
12	加工 4×2 的退刀槽	T02	副偏角 5°	450	25	3
13	加工外螺纹 M36×2	T03	刀尖角 60°	450	螺距 2mm/r	粗 0.3，精 0.1
编制		审核		批准		共　　页　第　　页

备注：合理选择该零件工件坐标原点，确定走刀路线，根据该零件的加工要求编制程序清单，并完成相应卡片的填写。

5. 确定端面槽零件的节点坐标(仅供参考)

确定端面槽零件的节点坐标如图 9 – 1、图 9 – 2 所示。

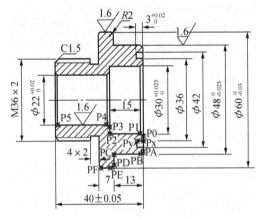

图 9 – 1　端面槽零件第一次装夹
右端内外轮廓节点坐标

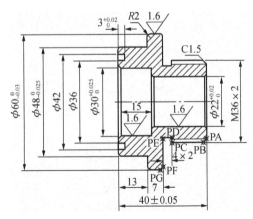

图 9 – 2　端面槽零件第二次装夹
左端轮廓节点坐标

（1）第一次装夹右端内外轮廓节点坐标

PA(46，0)　PB(48，-1)　PC(48，-13)　PD(58，-13)　PE(60，-14)

PF(60，-19)

P0(32，0)　P1(30，-1)　P2(30，-15)　P3(24，-15)　P4(22，-16)　P5(22，-39)

Px(36，0)　Py(36，-3)

（2）第二次装夹左端轮廓节点坐标

PA(33，0)　PB(35.8，-1.5)　PC(35.8，-16)　PD(32，-16)　PE(32，-20)

PF(58，-20)　PG(60，-21)

6. 编写端面槽零件的加工程序(仅供参考)

综合运用 G01、G71、G92 等指令编写本项目零件图的数控车削加工程序：

由于需要二次装夹，既有外轮廓又有内轮廓，而且有端面槽特征，因此项目的程序分四部分，一部分为零件的右端外轮廓加工程序，一部分为零件的右端内轮廓倒角加工程序，一部分为零件的端面槽轮廓加工程序，最后一部分为零件掉头装夹后的左端外轮廓加工程序。具体程序如表9-4～表9-7所示。

表9-4　端面槽零件右端外轮廓加工程序

数控加工程序清单			零件图号	零件名称
姓名	班级	成绩	C9	端面槽零件 （右端外轮廓程序）
序 号	程 序		说 明	
N0010	M03　S600		主轴正转，转速600r/min	
N0020	T0101		1号外圆车刀	
N0030	G00 X66 Z2		靠近工件	
N0040	G71 U1 R1		粗车右边 ϕ48mm、R2、ϕ60mm 外形，加工	
N0050	G71 P60 Q130 U0.3 W0.3 F100		长度 -25mm，留0.3余量，进给100	
N0060	G00 X46			
N0070	G01 Z0 F35			
N0080	X48 Z-1			
N0090	Z-13		右边 ϕ48mm、R2、ϕ60mm 的精加工轮廓	
N0100	X58			
N0120	G03 X60 Z-15 R2			
N0130	G01 Z-25			
N0140	G00 X100 Z100		安全位置	
N0150	T0101 M03 S800		修改刀补，正转800r/min	
N0160	G00 X66 Z2		靠近工件	
N0170	G70 P60 Q130		精车右边 ϕ48mm、R2、ϕ60mm 外形	
N0180	G00 X100		回安全位置	
N0190	Z100			
N0200	M05		主轴停，程序结束，状态复位	
N0210	M30			

表9-5 端面槽零件右端内轮廓倒角加工程序

数控加工程序清单			零件图号	零件名称
姓名	班级	成绩	C9	端面槽零件
				（右端内轮廓倒角程序）
序　号	程　　序		说　　明	
N0010	M03　S600		主轴正转，转速600r/min	
N0020	T0303		3号内孔车刀	
N0030	G00 X19 Z2		靠近工件	
N0040	G71 U1 R1		粗车右边φ30mm、C1倒角、φ22mm内孔轮	
N0050	G71 P60 Q130 U−0.3 W0.3 F100		廓，留0.3余量，进给100	
N0060	G00 X32		右边φ30mm、C1倒角、φ22mm内孔的精加工轮廓	
N0070	G01 Z0 F35			
N0080	X30 Z−1			
N0090	Z−15			
N0100	X24			
N0120	X22 Z−16			
N0130	G01 Z−42			
N0140	G00 X19 Z100		安全位置	
N0150	T0303 M03 S800		修改刀补，正转800r/min	
N0160	G00 X19 Z2		靠近工件	
N0170	G70 P60 Q130		精加工右边φ30mm、C1倒角、φ22mm内孔	
N0180	G00 X19		回安全位置	
N0190	Z100			
N0200	M05		主轴停，程序结束，状态复位	
N0210	M30			

表9-6 端面槽轮廓加工程序

数控加工程序清单			零件图号	零件名称
姓名	班级	成绩	C9	端面槽零件
				（端面槽轮廓程序）
序号	程序		说明	
N0010	M03　S600		主轴正转，转速600r/min	
N0020	T0404		4号外圆车刀	
N0030	G00 X36 Z2		靠近工件	
N0040	G74 R1		Z方向退刀1mm	
N0050	G74 X39 Z−3 P2500 Q3000 F60		终点坐标(X39，Z−3)，即：(X=42−3(刀宽)=39，Z=−3)，X方向进刀2.5mm，Z方向进刀3mm，进给60mm/min	
N0060	G00 X100		回安全位置	
N0070	Z100			
N0080	M05		主轴停，程序结束，状态复位	
N0090	M30			

表9-7 端面槽零件左端外轮廓加工程序

数控加工程序清单			零件图号	零件名称
姓名	班级	成绩	C9	端面槽零件 （左端外轮廓程序）
序 号	程 序		说 明	
N0010	M03 S600		主轴正转，转速600r/min	
N0020	T0101		1号内孔车刀	
N0030	G00 X66 Z2		靠近工件	
N0040	G71 U1 R1		粗车左边 M36×2 大径外形及倒角，留0.3余量，进给100	
N0050	G71 P60 Q130 U0.3 W0.3 F100			
N0060	G00 X33		左边 M36×2 大径外形及倒角的精加工内孔轮廓	
N0070	G01 Z0 F35			
N0080	X35.8 Z-1.5			
N0090	Z-20			
N0100	X58			
N0120	X60 Z-21			
N0130	G01 X61 Z-21.5			
N0140	G00 X100 Z100		安全位置	
N0150	T0101 M03 S800		修改刀补，正转800r/min	
N0160	G00 X66 Z2		靠近工件	
N0170	G70 P60 Q130		精粗车左边 M36×2 大径外形及倒角至尺寸要求	
N0180	G00 X100		回安全位置	
N0190	Z100			
N0200	T0202 M03 S450		换切槽刀，正转450r/min	
N0210	G00 X62 Z2		靠近切槽4×2切槽位置	
N0220	G94 X32 F25		切4×2退刀槽	
N0230	G00 X100 Z100		安全位置	
N0240	T0303		换外螺纹刀	

续表 9-7

N0250	G00 X38 Z2	靠近螺纹位置
序　号	程　　序	说　　明
N0260	G92 X35.5 Z-18 F2	
N0270	X35.2	
N0280	X34.9	
N0290	X34.6	
N0300	X34.3	
N0310	X34	螺纹加工，粗切0.3、精切0.1，螺距为2
N0320	X33.7	
N0330	X33.6	
N0340	X33.5	
N0350	X33.4	
N0360	X33.4	
N0370	G00 X100 Z100	安全位置
N0380	M05	主轴停，程序结束，状态复位
N0390	M30	

注意：最后可以手动用内螺纹刀把左端内孔倒 C1 角。

 **项目检查与评价**

 写一写

填写项目实训报告，如表9-8所示。

表9-8　实训报告表

项目名称					实训课时	
姓名		班级		学号		日期	
学习过程	(1)实训过程中是否遵守安全文明操作？ (2)在加工的时候，遇到的难题是什么？你觉得要注意什么？ (3)简要写下完成本项目的加工过程。					
心得体会	(1)通过本项目学习，你学到了什么？ (2)工件做出来的效果如何？有哪些不足，需要改进的地方是哪里？获得什么经验？					

评一评

检查评价表，如表9-9所示。（完成任务后，大家来评一评，看谁做得好）

表9-9 检查评价表

序号	检测的项目	分值	自我测试		小组长测试		老师测试	
			结果	得分	结果	得分	结果	得分
1	外圆$\phi(48-0.025)$mm	5						
2	外圆$\phi(60_{-0.03}^{0})$mm	5						
3	内孔$\phi(30+0.025)$mm	5						
4	内孔$\phi(22+0.02)$mm	5						
5	端面槽$\phi(36_{-42}^{0})$mm	15						
6	端面槽深$(3+0.02)$mm	15						
7	退刀槽4×2	5						
8	$M36\times2$	10						
9	总长(30 ± 0.05)mm	5						
10	$Ra\,1.6$	10						
11	车床保养，工具、刃量具摆放	10						
12	安全操作情况	10						
	合计	100						
	本项目总成绩 （=自评30%+小组长评30%+教师评40%）							

知识加油站

读一读

一、 端面直槽刀的形状

端面直槽刀的几何形状是外圆车刀与内孔车刀的综合，在端面上加工直槽时，端面直槽刀的左刀尖相当于加工内孔，而右刀尖相当于加工外圆。

1. 传统的端面槽刀

端面槽刀可由外圆切槽刀具或者整体高速钢刀具刃磨而成。切槽刀的刀头部分长度=槽深+(2～3)mm，刀宽根据需要刃磨，切槽刀主刀刃与两侧副刀刃之间应对称平直。刀尖 a 处的副后刀面的圆弧半径 R 必须小于端面直槽的大圆弧半径，以防左副刀面与工件端面槽孔壁相碰。如图9-3所示。这种刀具在操作中尽量避免刀具崩刃等现象，而且要求操作者具有较高的刃磨刀具的技巧，避免刀具过早的磨损，以提高使用寿命。

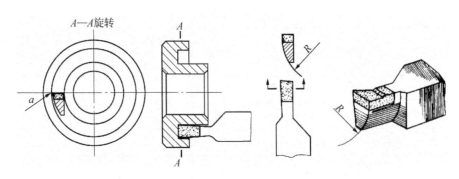

图 9 - 3　传统端面槽刀

2. 机夹式端面槽刀

随着新工艺新技术的应用，在数控加工中常采用标准的机械夹固式刀具。这种刀具不仅将左副后刀面刃磨成圆弧，而且将右副后刀面也刃磨成圆弧，其圆弧的半径大于端面直槽的小圆弧半径，避免与工件干涉，这样可以提高刀具的刚性。根据刀具安装的方向一般分为轴向安装刀具和径向安装刀具，刀具又可以分为刀杆型端面槽刀和刀板型端面槽刀。

（1）刀杆型端面槽刀

图 9 - 4 为刀杆型端面槽刀，D_{min}、D_{max} 为加工端面槽圆弧的最小和最大直径。端面槽刀某一种型号的刀具只能加工一定范围的端面槽，如端面槽刀杆 FGHH320R420R48 - 60 标示加工范围为直径 48 ～ 60mm 的端面槽。若是加工 48 ～ 70 的端面槽，就需要两种型号的刀具，但这种刀具程序编制麻烦，加工工时变长、成本变大。现市面上有新型的刀杆型端面槽刀，由一个刀杆和若干个刀片夹组成，加工时只要根据需要端面槽圆弧直径的大小选择合适的刀片夹，但不适用加工较深的凹槽。

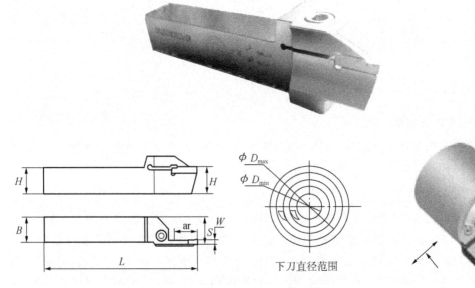

下刀直径范围

图 9 - 4　刀杆型端面槽刀

（2）刀板型端面槽刀

刀板型端面槽刀如图9-5所示，与刀杆型相比，可用于更深的切槽加工。新型的刀板成本较低，生产效率也较高。

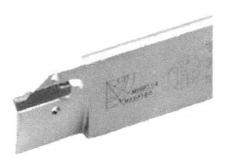

图9-5　刀板型端面槽刀

二、 端面沟槽复合循环 G74

1. G74 指令格式

G74 Re

G74 X(U)＿ Z(W)＿　PΔiQΔkRΔdF＿

2. 参数含义

Re：分层切削每次退刀量，其值为模态值；

X(U)＿ Z(W)＿：切槽终点处坐标；

PΔi：刀具完成一次轴向切削后，在 X 方向的每次移动量，半径量；

QΔk：Z 方向的每次切入量；

RΔd：切削到终点时，刀具 X 向退刀量（可缺省）；

F：轴向切削时的进给速度（进给量）。

3. 走刀路线（走完一个循环回到起点 G00 位置）

G74 走刀路线图，如图9-6所示。

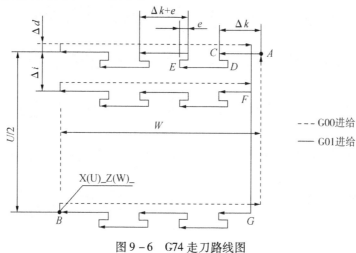

图9-6　G74 走刀路线图

4. G74 运用举例

G74 加工样图，如图 9 – 7 所示，参考程序如表 9 – 10 所示。

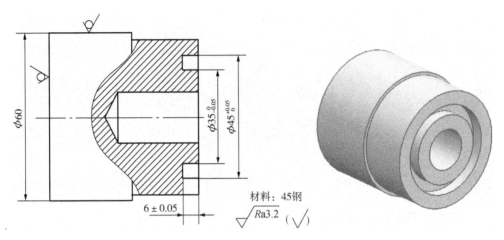

材料：45钢

$\sqrt{Ra3.2}$ ($\sqrt{}$)

图 9 – 7　G74 加工样图

表 9 – 10　参考程序

参考程序（端面槽加工部分，右刀尖对刀）		
序　号	O1234	程序名
N0010	M03　S600	主轴正转，转速 600r/min
N0020	T0101	1 号端面槽刀
N0030	G00 X35 Z2	靠近工件（右刀尖对刀）
N0040	G74 R1	Z 方向退刀量 1mm
N0050	G74 X42 Z – 6 P2500 Q3000 F60	终点坐标（X42，Z – 6），即：（X = 45 – 3（刀宽）= 42，Z = – 6），X 方向进刀 2.5mm，Z 方向进刀 3mm，进给 60mm/min
N0060	G00 X100	回安全位置
N0070	Z100	
N0080	M05	主轴停，程序结束，状态复位
N0090	M30	

项目十

配合零件车削加工

项目引入

前面项目已经学过了轴类、套类零件的加工,为提高学生的技能水平,现引入配合零件(零件尺寸 C10 图纸所示)的加工。该零件要使用数控车床加工。已知毛坯材料为硬铝,尺寸为 $\phi 45 \times 83$mm 和 $\phi 45 \times 43$mm 的棒料。同学们分成若干小组并选出小组长,每组 3 ～ 4 人,在老师的指导下,利用车间现有的条件,以小组工作的形式完成任务。

项目任务及要求

按图纸 C10 的要求加工配合零件。

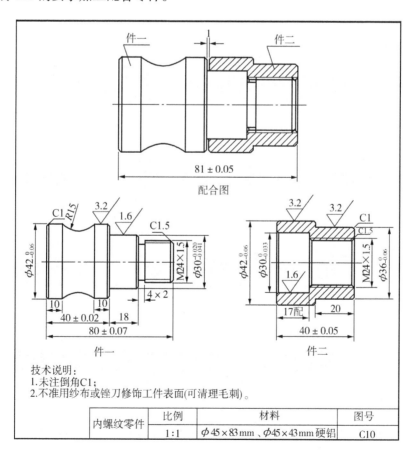

技术说明:
1.未注倒角C1;
2.不准用纱布或锉刀修饰工件表面(可清理毛刺)。

内螺纹零件	比例	材料	图号
	1:1	$\phi 45 \times 83$mm、$\phi 45 \times 43$mm 硬铝	C10

◤◣ 学习目标 ◢◥

知识目标： 了解配合零件的特点。

读懂配合零件图，准备相关加工工艺。

掌握 G73 加工指令的运用。

技能目标： 掌握数控车床配合零件的加工方法、加工工艺。

掌握配合零件的编程方法、检测方法及配合方法。

情感目标： 培养小组合作精神和安全文明生产职业素养。

◤◣ 项目实施过程 ◢◥

想一想

1. 配合零件有什么特点？

2. 要完成这项目需要哪些刀具、量具？

3. 加工图 C10 的工艺方法是什么？

4. 怎样装夹毛坯和安装刀具？

5. 加工本项目要用到什么编程指令？如何编写加工程序？

6. 如何测量和控制尺寸精度？如何将零件配合？

7. 你认为主要难点和注意事项是什么？

做一做

根据图纸 C10 的要求加工配合零件。

1. 图纸 C10 分析

图纸分析（如表 10 - 1 所示）。

表 10 - 1　C10 图纸分析表

分析项目	分析内容
标题栏信息	配合零件、硬铝、$\phi 45 \times 83$mm、$\phi 45 \times 43$mm
零件形体	件一：有 $\phi 42$mm 的外圆及 R15、$\phi 30$mm 和 M24 × 1.5 的外形 件二：有 $\phi 42$mm 和 $\phi 36$mm 的外形，$\phi 30$mm 内孔，M24 × 1.5 的内螺纹
零件的公差	件一：$\phi 42$mm 处为 0.06、$\phi 30$mm 处为 0.021、$\phi 40$mm 处为 0.04、$\phi 80$mm 处为 0.14 件二：$\phi 42$mm 处为 0.06、$\phi 36$mm 处为 0.06、$\phi 30$mm 处为 0.033、$\phi 40$mm 处为 0.1 注意：件一、件二 $\phi 30$mm 处和螺纹需要配合，加工时注意公差
表面粗糙度	$Ra = 1.6$　$Ra = 3.2$
其他技术要求	未注倒角 C1，不准用纱布或锉刀修饰工件表面（可清理毛刺）

2. 刀具选用

刀具选用如表10-2、表10-2所示。

表10-2 配合零件件一所需刀具

刀号	T01	T02	T03
类型	外圆车刀 （副偏角55°）	切槽刀 （刀宽3mm）	外螺纹刀 （刀尖60°）
形状			

表10-3 配合零件件二所需刀具

刀号	T01	T02	T03
类型	外圆车刀 （副偏角55°）	内孔刀 （副偏角5°）	内螺纹刀 （刀尖60°）
形状			

3. 量具选用

（1）游标卡尺（详见附录）。

（2）外径千分尺（详见附录）。

（3）百分表（详见附录）。

4. 填写工序卡（仅供参考，可按照实际讨论修改）

经图纸尺寸精度、特征及要求分析，该配合零件分为两件，而且需要二次装夹掉头加工。为了方便配合，一般先把轴做出来，然后做孔和内螺纹。做孔和内螺纹的时候，可以用做好的轴来配合。

为了二次装夹需要，件一应先做左边，再二次装夹做右边。而件二为了方便第二次装夹和保证同轴度，应首先选择外圆和内孔特征同一头加工，然后经过二次装夹，用百分表校正，最后再加工另一头外圆和内孔特征。具体工序参数如表10-4、表10-5所示。

数控车操作与编程项目教程

表 10 – 4　项目十工序卡(件一)

配合零件加工(件一)			零件图号	零件名称	材料	日期
			C10	配合零件 (件一)	硬铝	
车间	使用设备	设备使用情况	程序编号		操作者	
数控车间实训中心	数控车床 GSK980TD	正常	自定			

工步号	工步内容	刀具号	刀具规格	主轴转速 (r/min)	进给量 (mm/min)	背吃刀量 (mm)
1	装夹零件毛坯,伸出卡盘长度 50mm,车左端面	T01	副偏角 55°	600	手摇	0.5
2	粗加工左边轮廓,ϕ 42mm、R15、ϕ 42mm 外圆,加工长度 –45mm,留 0.3 余量	T01	副偏角 55°	600	100	1
3	精加工左边轮廓,ϕ 42mm、R15、ϕ 42mm 外圆至尺寸要求	T01	副偏角 55°	800	35	0.3
4	二次装夹,零件掉头装夹左端 ϕ 42mm 位置,用百分表校正同轴度,车右端面,保证总长 80mm	T01	副偏角 55°	600	手摇	每刀约 0.5
5	粗加工右边轮廓,M24 × 1.5、ϕ 30mm,倒角 C1 至 ϕ 42mm 位置(P9 接口位置),留 0.3 余量	T01	副偏角 55°	600	100	1
6	精加工右边轮廓,M24 × 1.5、ϕ 30mm,倒角 C1 至 ϕ 42 位置(P9 接口位置)至尺寸要求	T01	副偏角 55°	800	35	0.3
7	加工退刀槽 4 × 2	T02	刀宽 3mm	450	30	3
8	加工 M24 × 1.5 螺纹	T03	刀尖角 60°	450	螺距 1.5mm/r	粗 0.3,精 0.1

编制		审核		批准		共　页	第　页

　　备注:合理选择该零件工件坐标原点,确定走刀路线,根据该零件的加工要求编制程序清单,并完成相应卡片的填写。

表 10 –5 项目十工序卡（件二）

配合零件加工(件二)			零件图号	零件名称	材料	日期
			C10	配合零件 （件二）	硬铝	

车间	使用设备	设备使用情况	程序编号	操作者
数控车间实训中心	数控车床 GSK980TD	正常	自定	

工步号	工步内容	刀具号	刀具规格	主轴转速 （r/min）	进给量 （mm/min）	背吃刀量 （mm）
1	装夹零件毛坯，伸出卡盘长度约25mm，车平右端面	T01	副偏角 55°	600	手摇	约 0.5
2	粗加工右边 ϕ36mm、C1 至 ϕ42mm，加工长度 –21mm，留 0.3 余量	T01	副偏角 55°	600	100	1
3	精加工右边 ϕ36mm，倒角 C1 至 ϕ42mm 外轮廓至尺寸要求	T01	副偏角 55°	800	35	0.3
4	钻中心孔	中心钻	ϕ2.5mm	1000	手摇	ϕ2.5
5	钻通孔	钻头	ϕ19mm	450	手摇	ϕ19
6	镗右边内孔的倒角 C1.5	T02	副偏角 5°	600	100	1
7	掉头装夹 ϕ36mm 位置，校正同轴度，车平左端面保证总长 40mm	T01	副偏角 55°	600	手摇	约 0.5
8	粗加工左边 ϕ42mm 外轮廓，加工长度 –20mm，留 0.3 余量	T01	副偏角 55°	600	100	1
9	精加工左边 ϕ42mm 外轮廓至尺寸要求	T01	副偏角 55°	800	35	0.3
10	粗加工 ϕ30mm、M24×1.5 小径内孔轮廓，留 0.3 余量	T02	副偏角 5°	600	100	1
11	精加工 ϕ30mm、M24×1.5 小径内孔轮廓至尺寸要求	T02	副偏角 5°	800	35	0.3
12	加工内螺纹 M24×1.5	T03	刀尖角 60°	450	螺距 1.5mm/r	粗 0.3， 精 0.1
编制		审核		批准	共　页	第　页

　　备注：合理选择该零件工件坐标原点，确定走刀路线，根据该零件的加工要求编制程序清单，并完成相应卡片的填写。

5. 确定配合零件的节点坐标(仅供参考)

确定配合零件的节点坐标,如图10-1～图10-4所示。

(1)件一节点坐标

①件一第一次装夹左端轮廓节点坐标

P0(40,0) P1(42,-1) P2(42,-10) P3(42,-30) P4(42,-40)

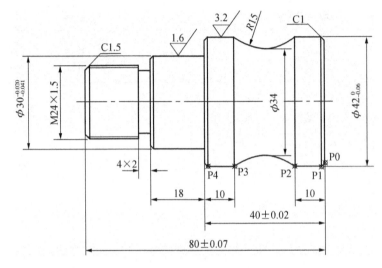

图10-1 配合零件件一第一次装夹左端轮廓节点坐标图

②件一第二次装夹右端轮廓节点坐标

P0(21,0) P1(23.8,-1.5) P2(23.8,-18) P3(20,-18) P4(20,-22)
P5(28,-22) P6(30,-23) P7(30,-40) P8(40,-40) P9(42,-41)

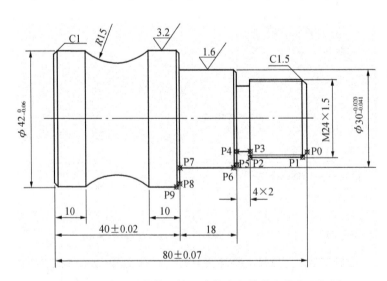

图10-2 配合零件件一第二次装夹右端轮廓节点坐标图

（2）件二节点坐标

①件二第一次装夹左端内外轮廓节点坐标

PA(34, 0)　PB(36, −1)　PC(36, −20)　PD(40, −20)　PE(42, −21)

P0(25.5, 0)　P1(22.5, −1.5)

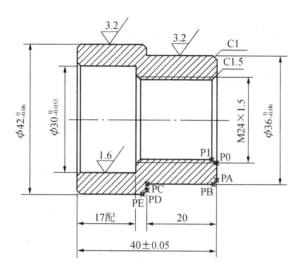

图 10-3　配合零件件二第一次装夹左端内外轮廓节点坐标图

②件二第二次装夹右端轮廓节点坐标

PA(40, 0)　PB(42, −1)　PC(42, −19)

P0(32, 0)　P1(30, −1)　P2(30, −17)　P3(25.5, −17)　P4(22.5, −18.5)

P5(22.5, −39)

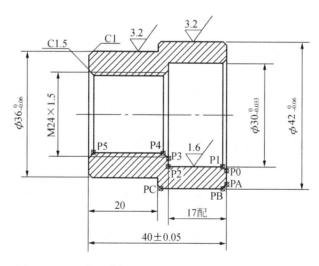

图 10-4　配合零件件二第二次装夹右端轮廓节点坐标图

6. 编写配合零件的加工程序(仅供参考)

运用 G71、G73、G92、G94 等指令编写配合零件的数控车削加工程序。

(1)件一由于需要二次装夹,因此程序分两部分,一部分为零件的左端轮廓加工程序,另一部分为右端轮廓的加工程序。具体程序如表 10 - 6、表 10 - 7 所示。

表 10 - 6　配合零件件一左端轮廓加工程序

数控加工程序清单			零件图号	零件名称
姓名	班级	成绩	C10	配合零件 (件一左端轮廓程序)
序　号	程　　序		说　　明	
N0010	M03　S600		主轴正转,转速 600r/min	
N0020	T0101		1 号粗加工刀	
N0030	G00 X46 Z2		靠近工件	
N0040	G73 U3 R3		粗加工左端 ϕ 42mm 和 R15、ϕ 42mm 外形, 背吃刀量 1mm,留 0.3 余量,进给 100	
N0050	G73 P60 Q120 U0.3 W0.3 F100			
N0060	G00 X40		左端 ϕ 42mm 和 R15、ϕ 42mm 外形的精加工轮廓	
N0070	G01 Z0 F30			
N0080	X42 Z - 1 R3			
N0090	Z - 10			
N0100	G02 X42 Z - 30 R15			
N0120	G01 Z - 45			
N0130	G00 X100 Z100		安全位置	
N0140	T0101 M03 S800		修改刀补,正转 800r/min	
N0150	G00 X46 Z2		靠近工件	
N0160	G70 P60 Q120		精加工 ϕ 42mm 和 R15、ϕ 42mm 外形	
N0170	G00 X100		回安全位置	
N0510	Z100			
N0520	M05		主轴停,程序结束,状态复位	
N0530	M30			

表 10 -7　配合零件件一右端轮廓加工程序

数控加工程序清单			零件图号	零件名称
姓名	班级	成绩	C10	配合零件 （件一右端轮廓程序）

序　号	程　序	说　明
N0010	M03　S600	主轴正转，转速 600r/min
N0020	T0101	1 号粗加工刀
N0030	G00 X46 Z2	靠近工件
N0040	G71 U1 R1	粗加工右端 M24 × 1.5 大径、ϕ 30mm，倒角 C1 至 ϕ 42mm 位置（接口处 P9），背吃刀量 1mm，留 0.3 余量，进给 100
N0050	G71 P60 Q160 U0.3 W0.3 F100	
N0060	G00 X21	
N0070	G01 Z0 F30	
N0080	X23.8 Z - 1.5	
N0090	Z - 22	
N0100	X28	右端 M24 × 1.5 大径、ϕ 30mm、倒角 C1 至 ϕ 42mm 位置（接口处 P9）外圆的精加工轮廓
N0120	X30 Z - 23	
N0130	Z - 40	
N0140	X40	
N0150	X42 Z - 41	
N0160	G01 X44 Z - 42	
N0170	G00 X100 Z100	安全位置
N0180	T0101 M03 S800	修改刀补，正转 800r/min
N0190	G00 X46 Z2	靠近工件
N0200	G70 P60 Q160	精加工 M24 × 1.5 大径、ϕ 30mm、倒角 C1 至 ϕ 42mm 位置
N0210	G00 X100 Z100	安全位置
N0220	T0202 M03 S450	换切槽刀，正转 450r/min
N0230	G00 X32 Z - 22	靠近切槽位置
N0240	G94 X20 F30	加工 4 × 2 的退刀槽
N0250	X20 Z - 21	
N0260	G00 X100 Z100	安全位置
N0270	T0303 M03 S450	换外螺纹刀，正转 450r/min

数控车操作与编程项目教程

序　号	程　序	说　明
N0280	G00 X26 Z2	定位，靠近工件螺纹位置
N0290	G92 X23. 5 Z - 19 F1. 5	M24×1. 5 的螺纹加工
N0300	X23. 2	
N0310	X23	
N0320	X22. 8	
N0330	X22. 5	
N0340	X22. 2	
N0350	X22. 1	
N0360	X22. 05	
N0370	X22. 05	
N0380	G00 X100	回安全位置
N0390	Z100	
N0400	M05	主轴停，程序结束，状态复位
N0410	M30	

（2）件二由于需要二次装夹，既有外轮廓又有内轮廓，因此件二的程序分五部分，一部分为零件的右端外轮廓加工程序，一部分为零件的右端内轮廓倒角加工程序，一部分为零件的左端外轮廓加工程序，一部分为零件的左端内轮廓加工程序，最后一部分为内螺纹的加工程序。具体程序如表 10 - 8 ～表 10 - 12 所示。

表 10 - 8　配合零件件二右端外轮廓加工程序

数控加工程序清单			零件图号	零件名称
姓名	班级	成绩	C10	配合零件 （件二右端外轮廓程序）
序　号	程　序			说　明
N0010	M03　S600			主轴正转，转速 600r/min
N0020	T0101			1 号外圆车刀
N0030	G00 X46 Z2			靠近工件
N0040	G71 U1 R1			粗加工φ36mm、倒角 C1 至φ42mm 外轮廓，加工长度 - 21mm，背吃刀量 1mm，留 0.3 余量，进给 100
N0050	G71 P60 Q120 U0. 3 W0. 3 F100			

序　号	程　　序	说　　明
N0060	G00 X34	右端 ϕ 36mm、倒角 C1 至 ϕ 42mm 外形的精加工轮廓
N0070	G01 Z0 F30	
N0080	X36 Z - 1	
N0090	Z - 20	
N0100	X40	
N0120	X42 Z - 21	
N0130	G00 X100 Z100	安全位置
N0140	T0101 M03 S800	修改刀补，正转 800r/min
N0150	G00 X46 Z2	靠近工件
N0160	G70 P60 Q120	精加工 ϕ 36mm、倒角 C1 至 ϕ 42mm 外形
N0170	G00 X100	回安全位置
N0180	Z100	
N0190	M05	主轴停，程序结束，状态复位
N0200	M30	

表 10 - 9　配合零件件二右端内轮廓倒角加工程序

数控加工程序清单			零件图号	零件名称
姓名	班级	成绩	C10	配合零件（件二右端内轮廓倒角程序）
序　号	程　　序		说　　明	
N0010	M03　S600		主轴正转，转速 600r/min	
N0020	T0202		2 号内孔车刀	
N0030	G00 X19 Z2		靠近工件	
N0040	G71 U1 R1		粗加工外轮廓内孔倒角，背吃刀量 1mm，留 0.3 余量，进给 100	
N0050	G71 P60 Q80 U - 0.3 W0.3 F100			
N0060	G00 X25.5		左端内孔倒角的精加工轮廓	
N0070	G01 Z0 F35			
N0080	X22.5 Z - 1.5			
N0090	G00 X19 Z100		安全位置	
N0100	T0202 M03 S800		修改刀补，正转 800r/min	
N0120	G00 X19 Z2		靠近工件	
N0130	G70 P60 Q80		精加工左端内孔倒角	
N0140	G00 X19		回安全位置	
N0150	Z100			
N0160	M05		主轴停，程序结束，状态复位	
N0170	M30			

表 10 - 10   配合零件件二左端外轮廓加工程序

数控加工程序清单			零件图号	零件名称
姓名	班级	成绩	C10	配合零件 （件二左端外轮廓程序）

序号	程序	说明
N0010	M03 S600	主轴正转，转速 600r/min
N0020	T0101	1 号外圆车刀
N0030	G00 X46 Z2	靠近工件
N0040	G71 U1 R1	粗加工 ϕ 42mm 外轮廓，加工长度 - 20mm，
N0050	G71 P60 Q90 U0.3 W0.3 F100	背吃刀量 1mm，留 0.3 余量，进给 100
N0060	G00 X40	左端 ϕ 42mm 外轮廓外形的精加工轮廓
N0070	G01 Z0 F30	
N0080	X42 Z - 1	
N0090	G01 Z - 20	
N0100	G00 X100 Z100	安全位置
N0120	T0101 M03 S800	修改刀补，正转 800r/min
N0130	G00 X46 Z2	靠近工件
N0140	G70 P60 Q90	精加工左端 ϕ 20mm 和 ϕ 32mm 外形
N0150	G00 X100	回安全位置
N0160	Z100	
N0170	M05	主轴停，程序结束，状态复位
N0180	M30	

表 10 – 11　配合零件件二左端内轮廓加工程序

数控加工程序清单			零件图号	零件名称
姓名	班级	成绩	C10	配合零件 （件二左端内轮廓程序）

序　号	程　　序	说　　明
N0010	M03　S600	主轴正转，转速 600r/min
N0020	T0202	2 号内孔车刀
N0030	G00 X19 Z2	靠近工件
N0040	G71 U1 R1	粗加工内孔 ϕ 30m，M24 × 1.5 小径内孔轮廓，加工长度 – 41mm，背吃刀量 1mm，留 0.3 余量，进给 100
N0050	G71 P60 Q130 U – 0. 3 W0. 3 F100	
N0060	G00 X32	内孔 ϕ 30mm、M24 × 1.5 小径的精加工内孔轮廓
N0070	G01 Z0 F30	
N0080	X30 Z – 1	
N0090	Z – 17	
N0100	X25. 5	
N0120	X22. 5 Z – 18. 5	
N0130	G01 Z – 41	
N0140	G00 X19 Z100	安全位置
N0150	T0202 M03 S800	修改刀补，正转 800r/min
N0160	G00 X19 Z2	靠近工件
N0170	G70 P60 Q130	精加工内孔 ϕ 30mm、M24 × 1.5 小径内孔轮廓至尺寸要求
N0180	G00 X19	回安全位置
N0190	Z100	
N0200	M05	主轴停，程序结束，状态复位
N0210	M30	

表 10 - 12　配合零件件二内螺纹加工程序

数控加工程序清单			零件图号	零件名称
姓名	班级	成绩	C10	配合零件 （件二内螺纹加工）
序　号	程　序		说　明	
N0010	M03　S600		主轴正转，转速 600r/min	
N0020	T0303		3 号内螺纹车刀	
N0030	G00 X19 Z2		靠近工件	
N0040	G00 X19 Z - 15		定位，靠近工件螺纹位置	
N0050	G92 X22. 2 Z - 32 F2			
N0060	X22. 5			
N0070	X22. 8			
N0080	X23			
N0090	X23. 3		M24×1.5 的螺纹加工，小径 ϕ 22.5mm	
N0100	X23. 6			
N0120	X23. 9			
N0130	X24			
N0140	X24			
N0150	G00 X19		回安全位置	
N0160	Z100			
N0170	M05		主轴停，程序结束，状态复位	
N0180	M30			

项目检查与评价

 写一写

填写项目实训报告，如表 10 - 13 所示。

表 10-13 实训报告表

项目名称				实训课时	
姓名		班级		学号	日期	

学习过程	(1)实训过程中是否遵守安全文明操作? (2)在加工的时候,遇到的难题是什么?你觉得要注意什么? (3)简要写下完成本项目的加工过程。
心得体会	(1)通过本项目学习,你学到了什么? (2)工件做出来的效果如何?有哪些不足,需要改进的地方是哪里?获得什么经验?

评一评

检查评价表,如表 10-14 所示(完成任务后,大家来评一评,看谁做得好)。

表 10-14 检查评价表

序号	检测的项目	分值	自我测试		小组长测试		老师测试	
			结果	得分	结果	得分	结果	得分
1	件一外圆 $\phi(42_{-0.06}^{0})$ mm	5						
2	件一外圆 $\phi(30_{-0.041}^{-0.021})$ mm	10						
3	件一外螺纹 M24×1.5	10						
4	件一总长 (80±0.07) mm	5						
5	件二外圆 $\phi(42_{-0.06}^{0})$ mm	5						
6	件二外圆 $\phi(36_{-0.06}^{0})$ mm	5						
7	件二内孔 $\phi(30_{-0.033}^{0})$ mm	10						
8	件二内螺纹 M24×1.5	10						
9	件二总长 (40±0.05) mm	5						
10	件一件二配合效果	10						
11	Ra 1.6	5						
12	车床保养,工具、刃量具摆放	10						
13	安全操作情况	10						
	合计	100						
	本项目总成绩 (= 自评 30% + 小组长评 30% + 教师评 40%)							

数控车操作与编程项目教程

知识加油站

 读一读

一、 学习 G73 指令

1. 成型加工复式循环指令 G73

该功能在切削工件时刀具轨迹为一闭合回路，刀具逐渐进给，使封闭的切削回路逐渐向零件最终形状靠近，完成工件的加工。此指令能有效地对已进行粗加工铸造、锻造初步成形的工件进行切削，如图 10 – 5 所示。

指令格式：$G73U(\Delta i)W(\Delta k)R(d)$

$\qquad$ $G73P(ns)Q(nf)U(\Delta u)W(\Delta w)F(f)S(s)T(t)$

$\qquad$ $N(ns)\cdots$

$\qquad$ $\cdots$沿 A A′ B 的程序段号

$\qquad$ $N(nf)\cdots$

说明：

① Δi：X 轴方向退刀距离(加工余量，半径指定)，FANUC 系统参数(No. 5135)指定；

② Δk：Z 轴方向退刀距离(加工余量，半径指定)，FANUC 系统参数(No. 5136)指定；

③ 分割次数，这个值与粗加工重复次数相同，FANUC 系统参数(No. 5137)指定；

④ ns：精加工形状程序的第一个段号；

⑤ nf：精加工形状程序的最后一个段号；

⑥ Δu：X 方向精加工预留量的距离及方向；(直径/半径)

⑦ Δw：Z 方向精加工预留量的距离及方向。

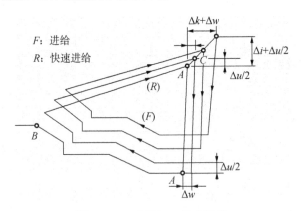

图 10 – 5　成型加工复式循环

注意：

①加工余量的计算：(毛坯 ϕ – 工件最小 ϕ)/2 – 1，减一是为了减少一刀空刀；

②在 ns – nf 程序段中，F、S、T 功能无效，但在 G70 精加工中，程序段中 F、S、T 功能有效。

【例10-1】用成型加工复式循环指令编写图10-6所示工件的加工程序。

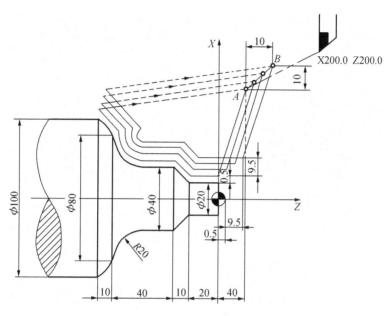

X200.0 Z200.0

图 10-6　成型加工复式循环示例

解：①设循环起点坐标为(140，5)；

②精加工外形的第一段程序号为 N60，精加工最后一段程序号为 N110；

③程序如表10-15所示。

表 10-15　成型加工复式循环程序

程　序	解　释
O3110	程序号
N10 T0101；	换1号外圆刀
N20 M03 S800；	主轴正转，转速 800r/min
N30 G00 G42 X140 Z5.0 M08；	快速定位到循环起点，刀尖左补偿，冷却液开
N40 G73 U9.5 W9.5 R3；	复合循环，X/Z轴向退刀量为9.5mm，循环三次
N50 G73 P60 Q110 U1 W0.5 F0.3；	精加工余量 X 轴向1mm，Z 轴向0.5mm
N60 G00 X20 Z0；	ns 第一段程序
N70 G01 Z-20 F0.15；	
N80 X40 Z-30；	
N90 Z-50；	
N100 G02 X80 Z-70 R20；	
N110 G01 X100 Z-80；	nf 最后一段程序
N120 X105；	
N130 G00 G40 X200 Z200 M09；	快速返回换刀位置，刀尖补偿取消，冷却液关
N140 M05；	主轴停转
N150 M30；	程序结束

(1) 游标卡尺

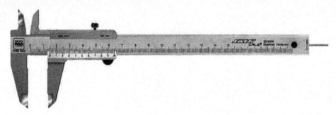

(2) 外径千分尺

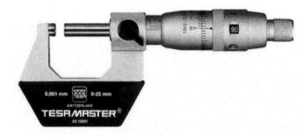

(3) 百分表

参考文献

［1］吴光明．数控编程与操作［M］．北京：机械工业出版社，2010.

［2］朱明松．数控车床编程与操作项目教程［M］．北京：机械工业出版社，2012.

［3］刘蔡保．数控车床编程与操作［M］．北京：化学工业出版社，2009.

［4］任国兴．数控车床加工工艺与编程操作［M］．北京：机械工业出版社，2008.

［5］崔兆华，数控车床编程与操作［M］．北京：中国劳动社会保障出版社，2012.

［6］顾京．数控加工编程操作［M］．北京：高等教育出版社，2003.

［7］周虹．数控加工工艺与编程［M］．北京：人民邮电出版社，2004.